电磁场与微波技术实验教程

王琦 编著

北京邮电大学出版社
·北京·

内 容 简 介

本书的内容包括微波器件的设计与仿真实验以及硬件测试实验两部分。

第一章为微波器件的设计与仿真实验,实验内容包括阻抗匹配器、滤波器、功率分配器、定向耦合器、低噪声放大器、宽频带放大器。实验不仅有助于学生加深理解抽象的电磁场理论、传输线理论、微波电路设计等理论知识,而且培养学生的综合分析、开发创新和工程设计能力。

第二章是微波器件的测试实验,实验内容包括:波长和反射系数的测量、阻抗的测量、滤波器测试和定向耦合器测试。通过实验,学生应掌握有关电磁场与微波的基本测量方法和技能,学会利用频谱仪和矢量网络分析仪测量微波器件参数的方法。

本书适用于高等院校相关专业的本科生和研究生使用,也可供工程技术人员参考。

图书在版编目(CIP)数据

电磁场与微波技术实验教程/王琦编著.--北京:
北京邮电大学出版社,2013.3
ISBN 978-7-5635-3429-6

Ⅰ.①电… Ⅱ.①王… Ⅲ.①电磁场—实验—高等学校—教材②微波技术—实验—高等学校——教材
Ⅳ.①O441.4-33②TN015-33

中国版本图书馆 CIP 数据核字(2013)第 047750 号

书 名:电磁场与微波技术实验教程
作 者:王琦
责任编辑:满志文
出版发行:北京邮电大学出版社
社 址:北京市海淀区西土城路 10 号(100876)
发 行 部:电话:010-62282185 传真:010-62283578
E-mail:publish@bupt.edu.cn
经 销:各地新华书店
印 刷:北京联兴华印刷厂
开 本:787 mm×1092 mm 1/16
印 张:8.5
字 数:145 千字
版 次:2013 年 4 月第 1 版 2013 年 4 月第 1 次印刷

ISBN 978-7-5635-3429-6 定价:23.00 元

前　言

随着卫星通信、移动通信、个人通信、光通信的飞速发展,移动电话的迅速普及,蓝牙、无线 LAN、GPS 等无线数据通信设备的快速开发,电磁场和微波技术越来越受到人们的关注,培养具有电磁场和微波技术理论知识和实践能力的人材也成为学校和社会共同的迫切需要。

电磁场理论与微波技术课程是通信工程、电子信息工程及电子科学技术类专业学生的重要的专业基础课程,该类课程具有抽象的理论知识和较强的工程实践性。实验教学的目的是帮助学生加深对抽象理论知识的理解,培养学生利用"场"的观点分析解决实际问题的能力,提高学生的科研能力及工程实践素质。目前电磁场理论与微波技术的实验内容大体分为计算机仿真和硬件测试两方面。借助于微波仿真软件进行设计性的实验不仅有助于学生加深理解抽象的电磁场理论、传输线理论、微波电路设计等理论知识,而且培养学生的综合分析、开发创新和工程设计能力。

本书的第一章是微波器件的设计与仿真实验。实验内容涉及的是通信中常用的无源、有源微波器件,实验的难度循序渐进。从基础的阻抗匹配开始,到低通滤波器、带通滤波器,功率分配器、定向耦合器,最后是有源器件低噪声放大器和宽频带放大器。具体的实验安排如下:实验一为 L 型匹配网络,实验二是分支线匹配器,实验三为四分之一波长阻抗变换器。实验四是低通滤波器,实验五是耦合微带线带通滤波器,实验六和实验七是功率分配器和分支线定向耦合器,实验八和实验九是低噪声放大器和宽频带放大器。

在以上设计仿真的基础上,第二章是微波器件的测试实验,能使学生真实地接触到硬件测试的过程,加强电磁场与微波测量技能的训练,提高学生的动手能力。实验内容包括:波长和反射系数的测量、阻抗的测量、滤波器测试和定向耦合器测试。

1

最后感谢深圳安泰信电子有限公司对本书的支持和帮助;感谢北京邮电大学出版社的同志们为本书的出版所付出的辛勤劳动。

由于作者水平有限,书中的不足之处在所难免,诚恳地希望读者批评指正。

编　者

2

目　　录

第1章　微波器件设计与仿真

    本章的实验是利用 Microwave Office 软件优化设计微波器件。首先以射频微波电路设计理论为依据,根据设计要求,确定原始设计方案。其次利用 Microwave Office 软件对原始设计方案的模型进行计算机仿真,包括建立等效的电路模型、仿真分析、评估性能指标等。然后检验是否满足设计的指标要求,改进和完善原始设计方案。最后对改进的设计方案的模型再进行计算机仿真,直到指标性能能够满足要求,完成设计。

    实验分为实验目的、实验原理、实验内容、实验步骤和实验报告要求。实验原理详细介绍了微波器件的工作原理、分析方法及设计思路等,为确定原始设计方案提供了理论依据。实验内容提出了设计的目标,实现的功能和性能指标要求。实验步骤是利用 Microwave Office 软件仿真分析、优化设计的过程:根据设计指标要求→确定原始设计方案→利用 Microwave Office 软件进行仿真分析→评估其性能指标→检验设计是否满足要求→调整和改进原始设计方案→Microwave Office 仿真分析→性能指标满足要求,完成设计。

    下面首先系统地介绍 Microwave Office 仿真软件,然后是微波器件的设计与仿真实验。

1.1　Microwave Office 系统介绍

    计算机仿真已经成为微波电路的分析、设计和优化的不可缺少的工具,市面上出现了许多微波仿真软件,常用的微波仿真软件有 Microwave Office(Applied Wave Research 公司)、SERENADE(Ansoft 公司)、ADS(Agilent Technologies 公司)等。

    Microwave Office 是美国 AWR 公司(应用波研究所)开发的仿真软件,适用于设计和仿真在射频、微波、毫米波频率范围的多种复杂电路或电磁结构,包括线性电路、非线性电路、电磁结构(EMSIGHT)、生成布线图等。Microwave Office 软件具有快速、精确地仿真分析的功能,其中一个特点是可以实时地调节元件或变量的参数值,调节参数值所引起的变化可以实时地显示在输出的图形中。还可以通过设定优化目标，对元件或变量的参数值进行优化，优化的结果随参数值的改变而实时显示。

Microwave Office 的另一个特点是具有一个功能非常强大的元器件模型库，并且在程序中可以直接调用库中的元器件模型。库里的元器件模型涵盖的内容十分广泛，几乎包括了所有类型的元器件模型，例如，集总参数元件：电阻、电容、电感等。分布参数元件：同轴线、微带线、带状线、衬底基材等。器件：二极管、晶体管、场效应管等。模块：放大器、混频器、滤波器、衰减器、功分器等。另外还有独立源和受控源模型、端口模型、噪声元器件模型、测量工具等多种模型。

Microwave Office 提供了一个直观的用户界面，软件设计环境包括主菜单与工具栏、项目浏览页、元件浏览页、变量浏览页等；基本操作包括建立项目、绘制原理图、添加图、添加测量、仿真分析等。下面重点介绍。

一、Microwave Office 设计环境

1. 主窗口

当 Microwave Office 软件被启动后，计算机显示如图 1.1.1 所示的主窗口。

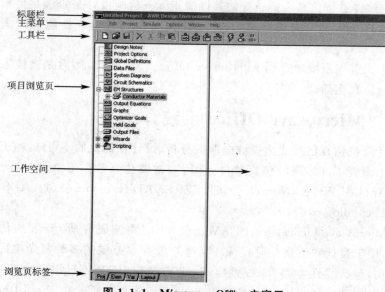

图 1.1.1　Microwave Office 主窗口

在主窗口下,可以进行一系列的操作,如建立线性、非线性电路原理图、电磁结构图、印制板布线图,运行仿真程序,显示输出图形,以及优化设计等。

主窗口的最顶端是标题栏,即项目名称。标题栏的下面是主菜单,用于执行命令,来启动 Microwave Office 完成各种任务,主菜单包括 File、Edit、Project 等菜单。许多菜单选项或命令可以通过主菜单进入,也可以通过工具栏或项目浏览器进入。

在主菜单下方,工具栏提供了一个快捷的方式来执行常用的菜单命令选项,如建立原理图,运行仿真程序,调谐参数值或变量等。工具栏将根据激活窗口的不同而动态地更新,例如,假如一个 schematic 窗口是激活的,工具栏就会提供一些与 schematic 窗口操作有关的按钮。假如一个 EM 结构被选定,工具栏会提供一些为 EM 分析使用的按钮。

主窗口的左侧为浏览页,包括项目浏览页、元器件浏览页、变量浏览页、布线管理浏览页。在项目浏览页,收集当前项目所定义的全部数据,包括原理图、EM 结构、仿真频率设置,以及输出图形、组织结构等。打开 Microwave Office 时,项目浏览页总是被激活的。

主窗口右侧空白区为绘图工作区,在这个区域内可以设计原理图、画EM 结构图、观察图形、编辑布线图选项等。

主窗口左侧底部是各浏览页的标签,用于切换主窗口左侧的功能。例如从项目浏览页(Proj)、到元器件浏览页(Elem)、变量浏览页(Var)以及布线管理浏览页(Layout),单击标签即打开相应浏览页,如图 1.1.2 所示。

单击元器件浏览页标签(Elem),打开建立电路原理图的电气元器件的总目录。单击变量浏览页(Var)标签,调谐或优化当前项目原理图中元器件的参数值或变量。单击布线管理器(Layout)标签,指定布线图的相关选项,用于观看、画布线图、产生布线图的新元素。

2. 项目浏览页

单击主窗口左下角的"Proj"标签,即可激活项目浏览页,包括项目的全部选项和获取的数据,为分层结构,如图 1.1.2(a)所示,包括原理图、系统框图、EM(电磁)结构,以及仿真的频率设置和输出图形等。当第一次打开AWR 软件时,首先激活项目浏览页,右击进入项目组相关的命令菜单。项目浏览页选项包括以下内容。

(1)Design Note(设计记事本)

用一个简单的文本编辑板来对 Project 进行说明。

（2）Project Options（项目选择）

Frequence Values 指定了一个 Project 中进行的所有线性,非线性仿真或 EM 仿真的默认频率范围,Global Units 设定单位。

（3）Global Definitions（全局参数定义）

在 Project 界面的 Global Equation 下。双击打开对话框,在这里定义的所有公式或方程中的参数值可以用于 Project 其他任何地方。

（4）Data Files（数据文件）

包括已经添加到项目的所有数据文件的列表,数据文件是典型的 S 参数文件,或其他类型的端口参数文件。

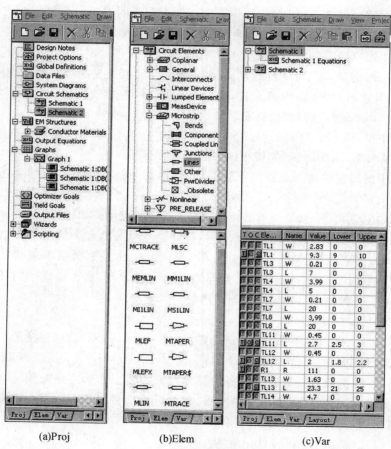

| (a)Proj | (b)Elem | (c)Var |

图 1.1.2　主窗口左侧浏览页

（5）Circuit Schematics（电路原理图）

包括所有的添加到项目的电路原理图。每个项目可以包含多个电路原理图，均作为子项列在 Circuit Schematics 组下。

（6）EM Structures（电磁结构）

包括所有的添加到项目的电磁结构，每个项目可以包括多个电磁结构，作为子项的形式被组织在 EM 组的主目录下。导体和介质材料的属性可以在这里设定。

（7）Output Equations（输出方程）

在 Project 界面的 output equation 下，双击打开对话框，这个区域的主要目的是提供一个定义输出方程的地方，也可以是其他的方程。

输出方程将一个测量的结果赋予一个变量，这个变量不是全局的，不能在其他项目中使用。下面的范例定义了一个名为"s-data"的变量，用一个放大器的 S11 参数给它赋值：s-data＝Amp l：[1,1]。仿真以后，这个变量将会是一个对应每一个仿真频率点采样的复数值的 S 矩阵。

在这里定义的变量只能在这个区域内被引用，或被测量方程引用，测量方程可以将变量值绘制在图中，即在输出方程中的变量，可以被测量并且以图的形式显示出来。如在史密斯圆图上画一个模值为 0.5 的等反射系数圆。首先在输出方程中写入如下语句：

b＝stepped(0,2 * _PI,0.01)（定义相角变量 b 从 0 到 2π，步长为 0.01 弧度）

r＝0.5 * exp(j * b)（r 表示模值为 0.5，相角为 b 的变量）

然后对输出方程中的变量 r 进行测量，在史密斯圆图中就显示出模值为 0.5 的等反射系数圆。

（8）Graph（图）

将电路或系统仿真的结果用各种图形来表示，图形代表了 Microwave Office 的输出。在执行仿真之前，首先要建立一张图，以便将指定的数据或测量绘制在这张图上，测量包括增益、噪声系数或 S（散射参数）等。图表类型有如下六种：

Rectangular（直方图）：将测量项显示在 X-Y 轴直角坐标。

Smith Chart（史密斯圆图）：将阻抗、导纳及反射系数显示在一个圆内。

Polar（极坐标图）：幅度与角度。

Histograms（柱状图）：将测量项显示为柱状。

Antenna Plot(天线方向图)：显示天线的方向图。

Tbular(表格图)：将测量项列表显示，通常相对于频率。

（9）Optimized Goals(优化目标)

用来输入项目的期望值，目标可以是项目中的任何测量项和输出方程中的参数。右击 Optimized Goals，从弹出的菜单选择 Add Opt Goal，出现新的优化目标对话框如图 1.1.3 所示，优化的对象是（在测量列表中选择）bpf1：DB(|S[1,1]|)，代表 bpf1 的端口参数 $|S_{11}|$ 取对数，优化目标为：在 5.7～6.3GHz 频率范围内 $20\lg|S_{11}| < -20$dB。

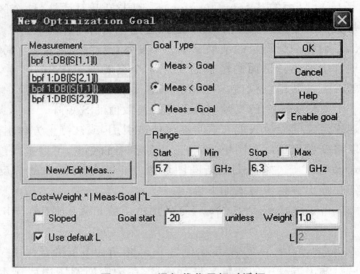

图 1.1.3　添加优化目标对话框

（10）Yield Goals(成品率目标)

用来确定成品率目标的期望值。目标可以是项目中任何测量项和输出方程中的参数。

（11）Output Files(输出文件)

将电路和电磁分析结果写成标准的 S 参数格式。EM 结构可以产生 Spice 等效电路。非线性仿真可以输出 AM-AM 和 AM-PM 数据。

（12）Wizards （设计向导)

Wizards 模块位于项目浏览页的左下方，用于自动设计电路、测量等，通过自动链接数据库文件，执行自动化的程序任务，扩充 Microwave Office

的功能。包括滤波器综合向导、负载牵引向导和扫描变量向导。

利用滤波器综合向导（Filter Synthesis Wizard），可以设计各种响应类型如最平坦、切比雪夫等的滤波器，包括带通、带阻、高通、低通滤波器。通过自动程序向导设置滤波器的参数（阶数、带宽、带内波纹等），滤波器的实现方式（集总元件、微带线、带状线等），以及一些限制条件等。程序向导执行完以后，产生滤波器的电路图和测量图形，以及项目中用于仿真分析和优化的选项。

3. 元件浏览页

单击图 1.1.1 所示的主窗口左下角的"Elem"标签，即可激活元件浏览页，如图 1.1.2(b)所示，元件浏览页提供一个综合的分级结构的数据库，对于电路图提供的是电路元器件；对于系统框图，提供的是系统模块。元器件库提供了非常广泛的各种电气元件模型，以及来自于生产厂家的 S 参数文件。电路元器件是在电路图中用于线性和非线性仿真的各种模型，如集总参数元件、分布参数元件、信号源、各种端口、探头、测量装置以及数据库等；系统模块包括各种信道模型、数学工具、测量器、子电路，以及其他的各种系统仿真模型。

元件浏览页分成上、下两部分。上半部分包括电路元器件和系统框图，如单击电路元器件可展开元器件总目录，类似于 Windows 浏览器，单击"＋"、"－"符号可展开或收缩目录。元器件总目录分为各种子目录，如线性元件、非线性元件、集总元件(Iumped Element)、微带线(Microstrip)、传输线、信号源、元件数据库以及测量仪器等，具体的元器件模型按照子目录分类排列。下半部分是具体的元件模型。

4. 变量浏览页

单击图 1.1.1 所示的主窗口左下角的"Var"标签即可激活变量浏览页，如图 1.1.2(c)所示。在变量浏览页里可以查看、更改在原理图中的各个元件参数或变量的当前值，这些值可以用于调谐或优化。

变量浏览页分为上、下两部分。上半部分包括原理图及公式列表。下半部分的左 3 列按钮分别为"T"调谐，"O"优化，"C"约束，可将元件参数设为调谐变量或优化变量，按钮弹起为选中，此时"T"变为蓝色，"O"变为红色，"C"变为紫色。若要限制一个变量的取值范围，要单击"C"约束按钮，并在对应的行中输入上、下限(Upper、Lower)的值。

方程是定义了变量的图形对象，一个变量可以被赋予一个常数或任何

有效的数学表达式。方程可以添加到下面几种 Project View 对象中:

- Global Equation(全局方程);
- Output Equation(输出方程);
- Schematics(原理图);
- Netlist(网表图)。

(1)生成方程

首先打开一个全局方程或输出方程或 Schematics 的界面,选择 Adding |Equation 或单击 EQN 工具条按钮,在界面上单击应该放方程的位置,并输入方程,当完成后按 Enter 键。方程可以通过两种方法进行编辑:在方程的位置上编辑或通过对话框。双击方程,就会出现一个矩形文本编辑框。将方程进行修改后按 Enter 键。

(2)方程句式

方程的基本形式是变量名在赋值操作数的左边,一个数学表达式在右边。表达式的句法要遵循一般的代数规则,如果表达式无效,那么表达式将用绿色显示并且在出错窗口里显示出错误。假如方程不可见,就双击出错窗口中的错误,方程将会显示出来。方程在屏幕上的安排顺序决定了它们的运算优先权,在一个方程中用到的变量需要在运算顺序上比该方程先出现,这个顺序以下面规则定义:

低优先级方程将被放在高优先级的后面;

如果两个方程在一页同一行,那么右边的优先级较高;

假如一个在方程中用到的变量被定义过不止一次,那么它的值将是在方程应用之前最近被定义的值。在下面的例子中 b 的值是 2,c 的值是 3。

$a=1$　　$a=2$　　$b=a$

$a=3$

$c=a$

(3)运算符号

＋加

－减

＊乘

/除

∧幂次

（4）函数

sin(x)	弧度 x 的正弦

sin(x) 　　　弧度 x 的正弦

cos(x) 　　　弧度 x 的余弦

tan(x) 　　　弧度 x 的正切

sinh(x) 　　　弧度 x 的双曲正弦

cosh(x) 　　　弧度 x 的双曲余弦

tanh(x) 　　　弧度 x 的双曲正切

arcsin(x) 　　　反正弦函数

arccos(x) 　　　反余弦函数

arctan(x) 　　　反正切函数

exp(x) 　　　x 的自然指数

log(x) 　　　x 的自然对数

$\log_{10}$(x) 　　　以 10 为底的 x 的对数

sqrt(x) 　　　x 的平方根

（5）复数表示法

一个变量可以使用虚全局常量 i 或 j 作为因子，被赋予一个复数值，i 或 j 由 -1 的平方根定义的虚数。例如：

z＝50－j×1.3。

—PI 代表数学常数 π(3.1415925)。

5. 布线管理浏览页

单击图 1.1.1 所示的主窗口左下角的"Layout"标签即可激活布线管理浏览页。布线管理浏览页分为上、下两部分。

布线管理浏览页上半部分包括 Layer Setup 、Layout Options 和 Cell Libraries，如图 1.1.4 所示。

Layer Setup：编辑绘图层，包括布线窗中所有与绘图相关的功能。

Layout Options：编辑布线的相关选项。

Cell Libraries：可生成、导入布线元件，布线元件库可按 GDSII 或 DXF 格式输入。新元件可在绘图编辑器中生成，并在此激活。

布线管理浏览页的下半部分是 Draw Layers 页，包括能在布线窗中激活并浏览各层的各种控制选项。

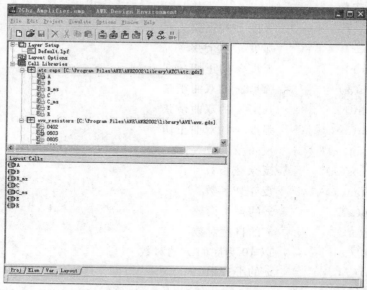

图 1.1.4　布线管理浏览页

Layer Setup 对话框：在布线管理浏览页双击 Layer Setup（绘图层设置），可打开 Layer Setup 对话框如图 1.1.5 所示。Draw Layers 包括绘图层名称、线条颜色、填充颜色、线型、层的模式、显示、填充、层锁定等选项，可显示及隐藏各层，也可激活某层以便绘图或编辑。

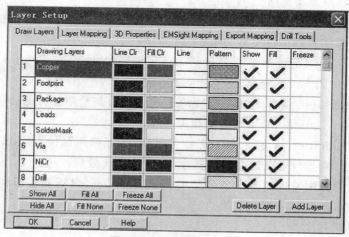

图 1.1.5　绘图层的设置

10

二、基本操作

1. 项目

一个项目可包含一系列的设计、一个或多个线性或非线性电路原理图、EM（电磁）结构、系统模块，以及相关的全局变量、输入文件、生成布线图和输出图形等。项目包括了所有在仿真过程中用到的成分和设置，如电路原理图、电磁结构图、测量图、变量、工作频率等，也包括此项目内不同实体的层次关系。项目内大多数实体都可以通过在项目浏览页内双击该项目图标来编辑。

（1）创建及保存新项目

从主菜单中选择 File\New Project 创建一个新项目，选择 File\Save Project As，则以新名称保存该项目，扩展名为 *.emp 文件。一个项目可以包括多个电路原理图和多个电磁结构图。当软件被启动后，一个未命名的项目被载入，通常未命名的项目是空白的，当然也可以按用户需要自定义启动一个项目。本软件一次只能装载一个项目。

（2）设定项目单位和频率

从主菜单中选择 Options\Project Options，选择 Global Units 页，通过增加或缩小默认设计单位来编辑项目的全局默认单位。对长度单位来说，用公制单位需勾选"Metric Units"，否则为英制单位。改变单位不会影响元件参数的值。

2. 原理图

项目浏览页中的 Circuit Schematics 组包括两种文件：Schematic 和 Netlist。

Schematic：电路原理图，项目的每个原理图在 Circuit Schematics 组里都有相应的原理图项。

Netlist：网表图，将电路图以网表形式用文字描述。项目的每个网表图在 Circuit Schematics 组里都有相应的网表项。

（1）添加原理图

在项目浏览页右击 Circuit Schematics 组，有以下选项：

New：创建原理图。

Import：导入文件，即将某文件复制并作为本项目的永久文件。原理图文件的扩展名为 *.sch，网表文件的扩展名为 *.net。

Link：链接文件，能处理文件但不复制到项目中，该文件必须始终适于项目读取，当其他用户更改该文件时，允许当前项目保留数据不变。

11

（2）编辑原理图

在项目浏览页右击 Circuit Schematics 组，右击 Options 选项，出现 Circuit Options 对话窗，包括 Harmonic Balance 和 Circuit Solvers。

Harmonic Balance：设置谐波平衡模拟器，包括 Number of Harmonics（谐波数目）、Iteration Settings（迭代设置）、Convergence（收敛标准）、采样数目等选项。

Circuit Solvers：设置电路求解器。

（3）添加元件

建立原理图后，单击主窗口左下角的"Elem"标签，浏览页上半部是所有的元器件总目录，选中任意元件子目录，在浏览页下半部分则列出在该子目录下具体元件模型。将一种元件模型放在原理图或系统框图中时，如绘制原理图添加元件时，首先在元件浏览页上半部分选择子目录即元件类别，然后在下半部分选择具体的元件模型，单击元件模型并按住鼠标左键向右侧绘图区拖放，释放鼠标左键，单击旋转元件，单击放置元件如图 1.1.6 所示。

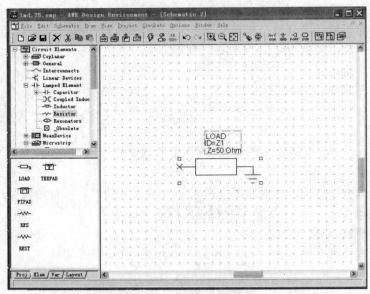

图 1.1.6 添加元件到原理图

（4）编辑元件

在原理图中双击元件数值，可以直接更改元件值。如果双击元件符号，则打开 Element Options 对话窗,如图 1.1.7 所示,可编辑与元件属性相关的全部参数。单击右下角的 Element Help 打开元件的帮助文件。

Element Options 对话框:包括 Parameters 页、Statistics 页、Display 页、Symbol 页及 Layout 页。

Parameters 页用于设置元件参数。包括 Name(名称)、Value(数值)、Units(单位)、Tune(可调谐变量)、Opt(可优化变量)、Limit(受限变量)、Lower(下限)、Upper(上限)、Description(文字描述)等选项。

Statistics 页显示元件的统计分析状态。包括:Use(激活变量)、Opt(激活优化变量)、ln%(变量误差)、Distribution(误差分布形式)等选项。误差分布形式中 Uniform 为平均分布,Normal 为高斯分布。

Display 页设置元件显示状态,包括 Hide(隐藏)、Hide empty(隐藏未标值的参数)、Hide 2nd(隐藏第二参数)、Hide units(隐藏单位)、Hide label(隐藏标签)、Left justify(左对齐)、Boldface(加粗)、Description(文字描述)等选项。一般采用默认值。

Symbol 页设置原理图中的元件符号,一般采用默认值。

Layout 页设置原理图元件在布线图中所对应的布线模型。

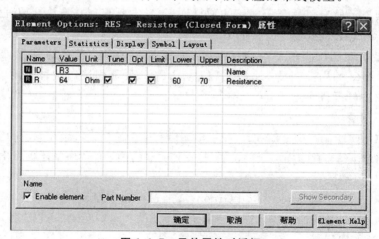

图 1.1.7 元件属性对话框

(5)添加端口和连线

方法 1:通过主菜单,选中原理图,从主菜单选 Schematic\Add Port,或在工具条单击 Port 按钮,将所选项放入原理图。

方法 2:通过元件浏览器,在 Elem 浏览页上部选择 Port 组,下部则显示不同应用的端口列表,选中所需项并拖放至原理图。

端口(Port)编辑和普通元件编辑是一样的,双击则弹出 Element Options 对话窗。选择 Element Options 对话窗中的 Port 项,可以改变端口类型,设置端口类型为源(Source)或终端(Termination),并指定其他的相关属性。

连线用来连接两元件的结点,将光标放在一个结点上,光标变成线圈时,单击此处以确定连线的起点,将光标移动到需转弯的地方,单击标出转折点,当光标移动到另一个元件结点上或另一连线的端点时,单击结束该连线,中途放弃按 Esc 键。

(6)添加子电路

方法 1:通过主菜单,选中原理图,从主菜单选 Schematic\Add\Subcircuit,或在工具条单击 Sub 按钮,从对话框列表中选择数据源的名称。注意接地类型(Grouding Type),可控制子电路接地方式,Normal 为端口内部定义接地;Explicit groud node 表示添加一个为所有端口定义的公共接地点;Balanced ports 为每个端口有各自的接地点。单击"OK"按钮退出对话框,将所选项放入原理图。

方法 2:通过元件浏览页,在 Elem 浏览页上半部选择 Subcircuit 组,下半部则显示所有可用于子电路的项目列表,选中所需项并拖放至原理图。

(7)添加方程

在原理图 Schematics 中可以添加变量或方程,定义的变量是这个 Schematics 的局部变量,不能被其他的 Project 元素引用。这种变量可以是原理图中的元件参数值,可以被调谐和优化。

3. 测量

测量是绘制在图上的项目,测量把端口数据源转换为可绘在图上的实数或复数向量。每个测量对应于一个图,与图相关联的测量作为图的子项目出现。

(1)添加图

从主菜单选 Project\Add Graph,或通过项目浏览器,在 Proj 浏览页右击 Graph,在对话框里输入图的名称,选择图的类型,单击"OK"按钮。

(2)添加测量

方法 1:从主菜单选 Project\Add Measurement,有两种情况。如果项目中有一个图被选中,那么会出现添加测量对话框,而且所建立的测量会加入此图。如果没有选中的图,那么会出现一个图的列表,用户可选择要添加测量的图。如果项目中没有图存在,那么会要求用户建立一个新图。在某一个图被选择或建立之后,添加测量对话框就会出现,如图 1.1.8 所示。

方法 2:通过项目浏览页添加测量。单击主窗口的 Proj\Graphs,给项目窗口中一个已经存在的图添加测量,右击选中的某个图,选择添加测量。

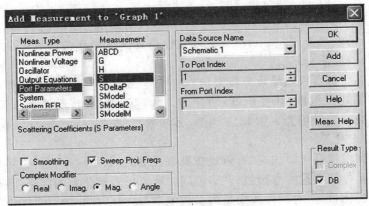

图 1.1.8   添加测量窗口

添加测量对话框包括 Meas. Type(测量类型)、Measurement(测量选项)、Data Source Name(数据源如原理图名字)、Port Index(端口号)、Meas. Help(测量帮助)、Result Type(测量结果类型)等。

测量类型:电磁场(Electromagnetic)、线性(Linear)、线性增益(Linear Gain)、噪声(Noise)、端口参数(Port Parameters)等。

测量选项:每一种测量类型对应于许多测量选项,如线性(Linear)对应的测量选项为驻波比(VSWR)、输入阻抗(YIN)、群延时(GD)等。

测量帮助:单击对话框的 Meas. Help,程序会自动调用所选测量项的帮助文件。

测量结果类型:测量的结果既可用实数表示,也可用复数表示,Smith 圆图和极坐标图只能用复数,直方图只可用实数。注意 dB 只能用于实数类型的测量结果。

添加测量的步骤是首先要选中左侧的测量类型,然后从右边的测量选项列表中选择需要的测量项,再选择数据源名字和端口号,测量的频率范围,项目的频率范围为默认选择,如果选择扫频,则勾选 Sweep Proj. Freqs,如果以 dB 为单位则勾选 dB,最后单击“OK”按钮。

(3)修改和删除测量

要修改或删除一个项目窗口中的测量,单击主窗口项目浏览页的 Proj\

Graphs,右击要修改或删除的测量,单击 Modify 或 Delete Measurement。或者在项目窗口中双击要修改的测量可对其进行修改。

4. 仿真

在当前项目下,运行仿真程序,从下拉主菜单选择 Simulate＞Analyze。Microwace Office 在整个项目中进行仿真,自动调用合适的仿真器,如线性仿真器、谐波平衡或 Volterra 系列非线性仿真器、EM(电磁)仿真器。

(1)线性仿真

线性模拟器采用结点分析来仿真一个电路的特性,适用于元件可由导纳矩阵描述的电路,如变阻器、功分器、滤波器、耦合器、低噪声放大器等。生成的典型测量项为 S 参数、Y 参数、Z 参数、驻波比、反射系数、匹配信息、增益、稳定性等。

线性模拟器可以快速、有效地仿真线性电路,其中一个特性是可以实时地调节元件或变量的参数值,调节的同时就可以看到仿真的结果,还可以通过设定优化目标,对元件或变量的参数值进行优化,优化的结果随参数值的改变而实时显示。

(2)非线性仿真

非线性仿真采用谐波平衡法或 Volterra 级数源来激励电路。对一个非线性电路,谐波平衡法与 Volterra 级数分析是两种不可互换的求解方法。谐波平衡法常用于功率放大器、混频器、倍频器等非线性电路,而 Volterra 级数法是一种近似的线性算法,适用于弱非线性电路,如工作在低于1dB 压缩点的放大器。

(3)电磁仿真(EM)

电磁仿真利用麦克斯韦方程来计算物理几何结构的响应。由于使用基本方程来计算响应,电磁仿真不受电路模型中的许多约束条件的限制,可以仿真任意物理结构,并且提供很精确的结果,因此电磁仿真是较理想的。但是电磁模拟器的一个局限性是计算的时间较长,仿真耗时按问题大小的指数倍增长,实际应用时应尽量减小问题的复杂性以便及时得到结果。

电磁仿真与电路仿真(对应线性或非线性仿真)对于电路设计是互补的技术,两者可以结合起来使用,解决很多设计问题。本软件的电磁模拟器,可以仿真三维结构,包括多种金属及电介质层,以及各层与地之间的连接通道。

当仿真完成后,结果可以显示在建立的图形中,并且根据需要可以进行调谐或优化。调谐时可以实时地看到对仿真结果的影响;优化时可以实时地看到,为了满足优化目标而改变的元件或变量参数值所起的作用。当调

16

谐或优化时,原理图、EM 结构及相关的布线图会及时地更新。

1.2　实验一　L型匹配网络

一、实验目的

(1)掌握 L 型匹配网络的工作原理。

(2)掌握网络的散射参量-S 参数的基本概念。

(3)掌握 L 型匹配网络的设计与仿真。

二、实验原理

1. 在 Smith 圆图上阻抗和导纳的变化

(1)串联电感、电容元件

任意阻抗 Z 与电感 L 或电容 C 串联时,总阻抗的电阻部分不变,电抗部分变化,在 Z-Smith 阻抗圆图上沿等电阻圆移动。当阻抗 Z 与电感 L 串联后的归一化阻抗值,在 Z-Smith 圆图上沿等电阻圆向上移动,相应的阻抗 Z 与电容 C 串联后的归一化阻抗值,在 Z-Smith 圆图上沿等电阻圆向下移动,如图 1.2.1 所示。

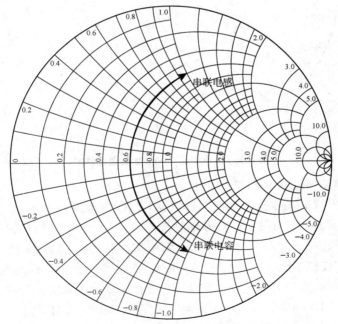

图 1.2.1　阻抗在 Z-Smith 圆图上移动

(2)并联电感、电容元件

当采用并联时,选择 Y-Smith 导纳圆图显示较方便,任意导纳 Y 与电感 L 或电容 C 并联时,总导纳的电导部分不变,电纳部分变化,在 Y-Smith 导纳圆图上沿等电导圆移动。当导纳 Y 与电感 L 并联后的归一化导纳值,在 Y-Smith 圆图上沿等电导圆向上移动,相应的导纳 Y 与电容 C 并联后的归一化导纳值,在 Y-Smith 圆图上沿等电导圆向下移动,如图 1.2.2 所示。

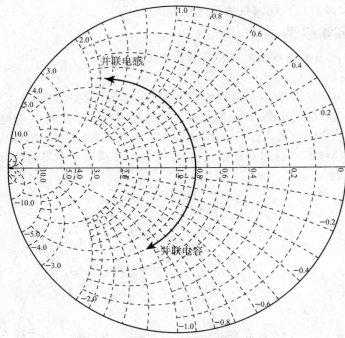

图 1.2.2　导纳在 Y-Smith 圆图上移动

(3)串联和并联电感、电容元件

任意阻抗 Z 与电感 L、电容 C 串联和并联时,选择 Z-YSmith 阻抗-导纳复合圆图显示较方便。阻抗导纳复合圆图 Z-YSmith,将阻抗和导纳同时显示在一张图上,如图 1.2.3 所示。图中实线代表阻抗格,虚线代表导纳格,这样不仅便于阻抗和导纳之间的转换,而且便于参量点在圆图上移动,移动的方向取决于电抗元件是容性还是感性。既有串联电抗元件又有并联电纳元件,因此相应的阻抗点或导纳点既在 Z-Smith 圆图上沿等电阻圆移动,又在 Y-Smith 圆图上沿等电导圆移动。对于串联电感或电容元件,归一化阻抗值将沿等电阻圆移动,电感对应于向上移动,而电容对应于向下移动;对于并联电感或电容元件,归一化导纳值将沿等电导圆移动,电感对应于向上移动,而电容对应于向下移动。

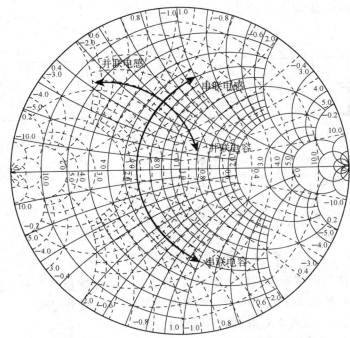

图 1.2.3　阻抗、导纳在 Z-YSmith 复合圆图上移动

2. L 型阻抗匹配网络

阻抗匹配是设计射频微波电路的基础和关键,它关系着负载所能吸收的功率,传输线的功率容量、传输效率以及信号源工作的稳定性。阻抗匹配网络的作用就是实现阻抗变换,将给定的阻抗值变换成其他更合适的阻抗值,保证在源和负载之间形成最小反射。

L 型匹配网络是一种最简单、可行的阻抗匹配网络,也称双元件网络,这种网络采用两个电抗元件将负载阻抗变换为需要的输入阻抗。两个电抗元件与负载阻抗和源阻抗的串联或并联,可以构成图 1.2.4 所示的 8 种电路形式,其中 Z_S、Z_L 分别表示源阻抗和负载阻抗。设计时根据负载阻抗和源阻抗的值选择适当的电路形式。

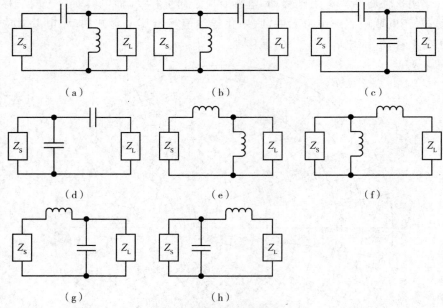

图 1.2.4 L 型匹配网络的 8 种电路形式

设计匹配网络时有两种方法:第一种方法是采用解析法求出元件值,第二种方法是利用 Smith 圆图作为图解设计工具,为了简化分析,并且使设计方法更加直观,选择 Smith 圆图作为主要设计工具。

设计 L 型匹配网络时,既有串联电抗元件又有并联电纳元件,因此相应的阻抗值或导纳值既在 Z-Smith 圆图上沿等电阻圆移动,又在 Y-Smith 圆图上沿等电导圆移动,为了方便起见,一般利用阻抗—导纳复合圆图 Z-YSmith 圆图。

对于不同的源阻抗和负载阻抗,图 1.2.4 所示的 8 种串联和并联匹配电路,在 Smith 圆图上存在不同的匹配禁区。在 Smith 圆图上,假设归一化的源阻抗在圆心处,即源阻抗 Z_S 与特性阻抗 Z_0 相等,$Z_S = Z_0$,若归一化负载阻抗落在图 1.2.5(a)所示的阴影区,如果选择图 1.2.4(f)、(h) 的匹配电路形式,即负载与电感串联的电路形式,则阻抗值将沿等电阻圆向上移动,远离经过圆点的电导等于 1 的等电导圆,就不能实现匹配。同理,其他几种电路形式的匹配禁区都标注在图 1.2.5(b)、(c)、(d)中,阴影区为匹配禁区。在设计 L 型匹配网络时,根据负载和源阻抗的值选择合适的匹配电路形式,避开匹配禁区。

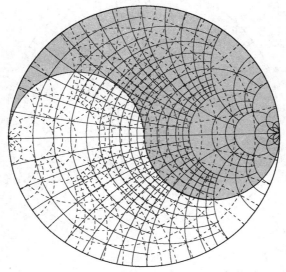

(a) 负载串联电感(图 1.2.4(f)、(h))

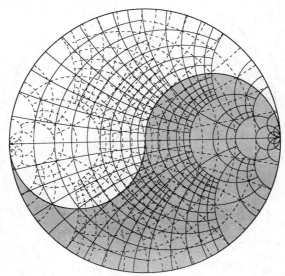

(b) 负载串联电容(图 1.2.4(b)、(d))

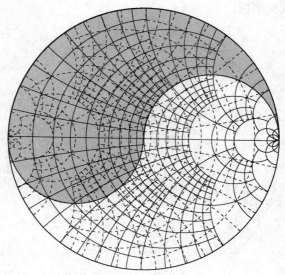

(c)负载并联电感(图1.2.4(a)、(e))

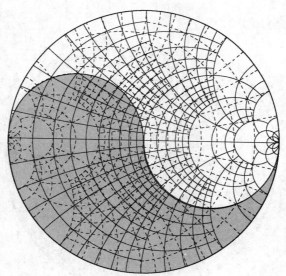

(d)负载并联电容(图1.2.4(c)、(g))

图 1.2.5　L 型匹配网络的匹配禁区(阴影区)

3. S 参数及其定义

在一般电气电路和电子电路中,经常用 Z 参数、Y 参数、h 参数表示电路的特性,评定这些参数需要测量电路中的电压、电流。然而在射频微波的范围内,由于所用传输系统的不同,电流、电压没有确定的值,经常用散射参量——S 参数来描述网络的输入与输出的功率关系。

简单地说,S 参量表达的是电压波,对于一个线性网络,可以用入射电压波和反射电压波的方式定义网络的输入、输出关系。下面以线性二端口网络为例说明,如图 1.2.6 所示,a 和 b 代表网络的归一化入射波和归一化反射波,所谓归一化波,就是各端口的波用其对应端口的特性阻抗(图中为 Z_0)归一化后得到的,a 和 b 之间存在如下关系:

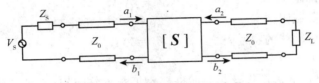

图 1.2.6 二端口网络的 S 参数

$$b_1 = S_{11}a_1 + S_{12}a_2 \qquad (1.2.1a)$$

$$b_2 = S_{21}a_1 + S_{22}a_2 \qquad (1.2.1b)$$

式中,a_1、a_2 表示进入网络的入射波,b_1、b_2 表示从网络出来的反射波。写成矩阵形式为:

$$[b] = [S] \cdot [a] \qquad (1.2.2)$$

$$[S] = \begin{bmatrix} S_{11} & S_{12} \\ S_{21} & S_{22} \end{bmatrix} \qquad (1.2.3)$$

式中,$[S]$ 是二端口网络的散射矩阵,一般来说,它们都是复数,即包含幅度和相位,而且是频率 f 的函数。

各参量的物理意义如下:

$$S_{11} = \left. \frac{b_1}{a_1} \right|_{a_2=0} \qquad \text{——端口 2 匹配}(a_2=0)\text{时,端口 1 的反射系数}$$

$$S_{22} = \left. \frac{b_2}{a_2} \right|_{a_1=0} \qquad \text{——端口 1 匹配}(a_1=0)\text{时,端口 2 的反射系数}$$

$$\boldsymbol{S}_{21}=\frac{b_2}{a_1}\bigg|_{a_2=0} \qquad \text{——端口 2 匹配}(a_2=0)\text{时,端口 1 到 2 的传输系数}$$

$$\boldsymbol{S}_{12}=\frac{b_1}{a_2}\bigg|_{a_1=0} \qquad \text{——端口 1 匹配}(a_1=0)\text{时,端口 2 到 1 的传输系数}$$

推广到线性多端口网络,当除 i 端口外其他端口都匹配时,S_{ii} 表示 i 端口的反射系数,S_{ji} 表示从 i 端口到 j 端口的传输系数。因此线性网络端口的反射系数和传输系数可以用散射矩阵[$\boldsymbol{S}$]的对应元素来表示。

三、实验内容

已知:源阻抗 $Z_S=50\ \Omega$

         负载阻抗 $Z_L=(100-j50)\ \Omega$

         传输线的特性阻抗 $Z_0=50\ \Omega$

         工作频率 $f=0.5\text{GHz}$

利用 Smith 圆图设计集总元件 L 型匹配网络,设计几种可能的电路结构。要求利用负载与电感并联的电路形式实现匹配网络。画出电路图并且通过仿真观察输入端阻抗和反射系数幅值从 0GHz 至 1GHz 的变化。设计思路如下:

(1)将源阻抗 Z_S 和负载阻抗 Z_L 的归一化值标注在阻抗—导纳复合圆图 Z-YSmith 上,本实验的源阻抗 Z_S 就是 Smith 圆图的圆心(匹配点)。根据源阻抗和负载阻抗的在 Smith 圆图上的相对位置,避开匹配禁区。在 Z-YSmith 圆图上,从负载点 Z_L 沿等电导圆移动,找到与 $r=1$(归一化电阻为 1)的等电阻圆的交点 A,根据电纳值的变化确定第一个元件值(与负载相连接的)。

(2)同理在 Z-YSmith 圆图上,从交点 A 沿等电阻圆移动到匹配点(Smith 圆图圆心),根据电抗值的变化确定第二个元件值(与信号源相连接的)。

四、实验步骤

(1)建立一个新项目,在主菜单选择 File\New Project;选择 File\Save Project As\输入项目名称,保存文件。

(2)建立一个新原理图,选择 Project\Add Schematic\New Schematic,输入原理图名,如 Schematic 1。

(3)确定项目频率,在主菜单选择 Options\Project Options,单击频率值,选择 Single point(点频),输入 0.5GHz,如图 1.2.7(a)所示。

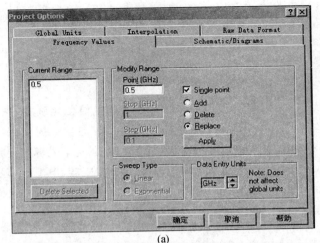

(a)

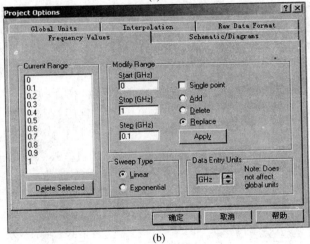

(b)

图 1.2.7　设定项目频率

（4）计算归一化负载阻抗，$\bar{z}_{\mathrm{L}}=\dfrac{Z_{\mathrm{L}}}{Z_{\mathrm{o}}}$，反射系数，$\Gamma=\dfrac{\bar{z}_{\mathrm{L}}-1}{\bar{z}_{\mathrm{L}}+1}$。

（5）在 Proj 下双击 Output Equations，单击工具栏方程 $X=Y$，输入归一化负载阻抗值和反射系数公式。

（6）将反射系数 Γ 标注在阻抗—导纳复合圆图 Z-YSmith 圆图上，在 Proj 下添加图，选择 Smith 图；添加测量，测量类型选择 Output Equations，方程名为 Γ；选择主菜单 Graph\Properties\Grid\Visible，选择阻抗格 Impedance grid、导纳格 Admittance grid；在 Graph\Properties\Format 下选择阻抗线和导纳线的类型和颜色，在主菜单 Graph\Properties\Markers 下，选择显示格式和类型，在 Graph\Properties\Fonts\Axis numbers 下，选择字体、字型和字颜色，单击 Simulate\Analyze 分析。

(7)将圆图上负载阻抗 Z_L 的位置移动到圆心(源阻抗)，将 Z_L 沿等电导圆移动，找到与 $r=1$ 圆的交点 A，根据移动的电纳值变化确定第一个元件值(与负载相连接的)，详情请参考后面的参考实例。同理根据交点 A 到 Smith 圆图的圆心移动的电抗值变化，确定第二个元件值(与信号源相连接的)。

(8)在 Circuit Elements\Lumped Element 下将电容、电感、电阻、端口等放置在原理图中，负载阻抗选电阻与电容串联形式，根据给定频率 0.5GHz 确定电容的值，连接各元件端口，完成原理图。

(9)将项目频率改为扫频 0～1GHz，如图 1.2.7(b)所示。在 Proj 下添加图，选择 Smith 圆图。在 Smith 圆图上添加测量，测量类型选择 Port Parameters，测量选项为 S 参数，数据源名称为电路图名例如 Schematic 1，From Port Index 选 1，To Port Index 也选 1，表示测量 S_{11}，勾选 Sweep Proj. Freqs(扫频)，如图 1.2.8 所示。如果输入端口是 1 端口，则代表输入端口的反射系数，单击"OK"按钮完成添加测量。在下拉菜单 Simulate 里单击 Analyze 进行分析，输入端口(1 端口)归一化阻抗显示在 Smith 圆图中。再添加一张 Rectangular(直方图)，在直方图上添加测量 S_{11}，勾选 Mag(模值)，代表 1 端口反射系数的幅值，即 $|S_{11}|$，勾选 Sweep Proj. Freqs(扫频)，勾选 dB，如图 1.2.9 所示，单击"OK"按钮完成添加测量，在下拉菜单 Simulate 里单击 Analyze 进行分析。

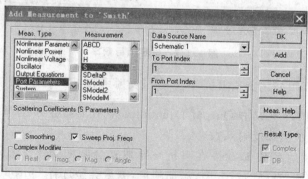

图 1.2.8　添加测量 S_{11} 窗口

26

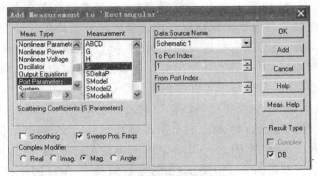

图 1.2.9 添加测量 $|S_{11}|$ 窗口

(10)观察在 0~1GHz 频率范围内输入阻抗,以及输入端口反射系数的幅值随频率的变化,调谐匹配电路的元件值即电感和电容值,使其在中心频率 0.5GHz 输入端口阻抗落在 Smith 圆图的圆心,表示输入阻抗为 50Ω(归一化阻抗为 1),且反射系数幅值| S_{11} |为最小,达到匹配。

五、实验报告

(1)根据实验内容要求,在阻抗—导纳复合圆图 Z-YSmith 上,标出负载阻抗和源阻抗的位置,画出 L 型匹配网络的禁区,选择几种可能实现的电路结构。

(2)说明每一种匹配电路的设计方法和过程,并且在 Smith 圆图上标明从负载阻抗到源阻抗的变换过程,计算出元件的实际数值。

(3)画出设计的原始电路原理图,利用仿真软件仿真分析,要求写出仿真的步骤和结果。

(4)根据仿真分析的结果,评估各项指标,调整元件的参数值,完成最终设计。

(5)比较调整前后元件参数值的变化,及其对性能、指标的影响,说明原因。

六、参考实例

下面选择负载与电容并联的电路形式,重新设计上述匹配网络,设计方法和步骤如下。

(1)参考上述实验步骤(1)~(6)。

(2)将源阻抗 Z_S 和负载阻抗 Z_L 的归一化值标注在阻抗—导纳复合圆

图 Z-YSmith 上,如图 1.2.10 所示,实线格为等电阻和等电抗的网格线,虚线格为等电导和等电纳的网格线。根据源阻抗和负载阻抗的在 Smith 圆图上的相对位置,避开匹配禁区。由图可知,负载点 Z_L 处在与负载串联电抗元件的匹配禁区,因此只能选择与负载并联的电路结构形式,可以选择并联电容或电感,选择负载与电容并联的形式。

(3)从负载点 Z_L 沿等电导圆向下移动,找到与 $r=1$(归一化电阻为 1)的等电阻圆的交点 A,将 A 点的电纳值减去负载点 Z_L 的电纳值,差值即为并联电容元件提供的,因此可以确定该电容的值。从 A 点沿 $r=1$ 等电阻圆向上移动至源阻抗点 Z_S,将 Z_S 点的电抗值减去 A 点的电抗值,差值(即 A 点对应电抗值的负数)为串联电感元件提供的电抗值。

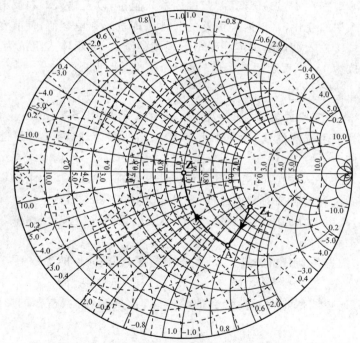

图 1.2.10 Smith 圆图上 Z_L 到 Z_S 的阻抗变换

(4)仿照上述步骤(8)～(10)完成电路原理图和最终的仿真结果,如图 1.2.11 和图 1.2.12 所示。

28

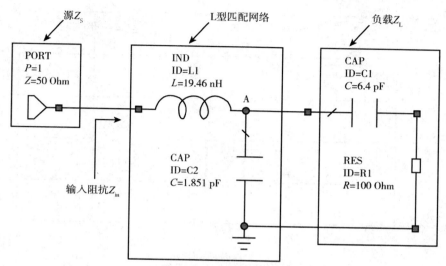

图 1.2.11 电路原理图

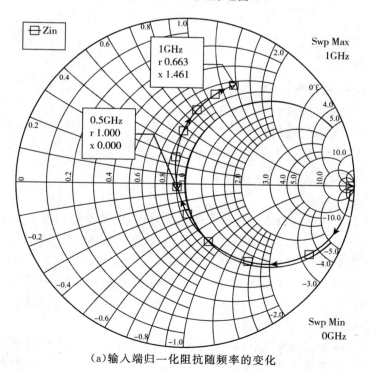

（a）输入端归一化阻抗随频率的变化

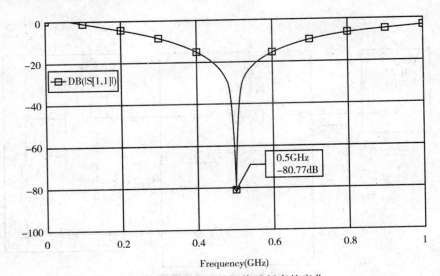

（b）输入端反射系数幅值随频率的变化

图 1.2.12　输入端阻抗和反射系数与频率的关系

1.3　实验二　分支线匹配器

一、实验目的

（1）掌握支节匹配器的工作原理。

（2）掌握微带线的基本概念和元件模型。

（3）掌握微带分支线匹配器的设计与仿真。

二、实验原理

1.支节匹配器

随着工作频率的提高及相应波长的减小，集总参数元件的寄生参数效应就变得更加明显，当波长变得明显小于典型的电路元件长度时，分布参数元件替代集总参数元件而得到广泛应用。因此，在频率高达 GHz 以上时，在负载和传输线之间并联或串联分支短截线，代替分立的电抗元件，实现阻抗匹配。常用的阻抗匹配器有：支节匹配器，四分之一波长阻抗变换器，指数线匹配器等。

支节匹配器分单支节、双支节和三支节匹配。这类匹配器是在主传输线上并联适当的电纳（或串联适当的电抗），用附加的反射来抵消主传输线上原来的反射波,以达到匹配的目的。此电纳(或)电抗元件常用一终端短路或开路线段构成,如图 1.3.1 所示。

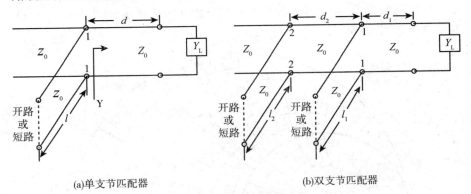

(a)单支节匹配器　　　　　　　　　　(b)双支节匹配器

图 1.3.1　支节匹配器原理

图 1.3.1(a)为单支节匹配器,为了便于说明,图中用导纳即阻抗的倒数标注,其中 Y_L 为任意负载的导纳,假定主传输线和开路或短路分支线的特性阻抗都是 Z_0,d 为从负载到分支线所在位置的距离,l 为开路或短路分支线的长度,Y 为在支节处(1-1 参考面)向负载方向看入的主传输线上的导纳。单支节调谐时,有两个可调参量:距离 d 和分支线的长度 l。匹配的基本思想是选择 d,使其在距离负载 d 处向主线看去的导纳 Y 是 $Y_0+\mathrm{j}B$ 形式,即 $Y=Y_0+\mathrm{j}B$,其中 $Y_0=1/Z_0$。并联开路或短路分支线的作用是抵消 Y 的电纳部分,使在 1-1 参考面的总导纳为 Y_0,实现匹配,因此并联开路或短路分支线提供的电纳为 $-\mathrm{j}B$,根据该电纳值确定并联开路或短路分支线的长度 l,这样就达到匹配条件。

图 1.3.1(b)为双支节匹配器,通过增加一支节,改进了单支节匹配器需要调节支节位置的不足,只需调节两个分支线长度,就能够达到匹配(注意双支节匹配不是对任意负载阻抗都能匹配,即存在一个不能得到匹配的禁区)。图中假设主传输线和分支线的特性阻抗都是 Z_0,l_1、l_2 分别为两段分支线的长度,d_1 为负载与最近分支线的距离,d_2 为两分支线之间的距离,d_2 可以是 $\lambda/4$,也可以是 $\lambda/8$、$3\lambda/8$。现在考虑 $d_2=\lambda/8$ 的情况。

要在 2-2 参考面实现匹配,从 2-2 参考面向右看入的归一化导纳(不计第二个并联支节的电纳)必须是 $y_{d2}=1+\mathrm{j}b_{d2}$,或者说 y_{d2} 应落在 $g=1$ 的等电导圆上(为了方便我们选择导纳圆图),然后利用 l_2 的长度来抵消 $\mathrm{j}b_{d2}$ 而达到匹配。为使 y_{d2} 落在等电导 $g=1$ 的圆上,则从 y_{d2} 点向负载方向走,如果走了 $\lambda/8$,则 $g=1$ 圆上的各点均应逆时针方向(向负载)旋转 $90°$ 而成为图 1.3.2 的辅助圆,即在 1-1 参考面的归一化导纳必须落在辅助圆上,这可利用调节 l_1 来达到。

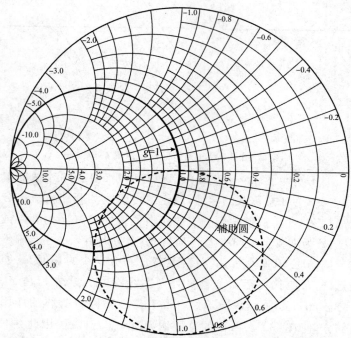

图 1.3.2 双支节匹配器的 Y-Smith 圆图

2. 微带线

从微波制造的观点看,这种调谐电路是方便的,因为不需要集总元件,而且并联调谐短截线特别容易制成微带线或带状线形式。微带线由于其结构小巧,可用印刷的方法做成平面电路,易于与其他无源和有源微波器件集成等特点,被广泛应用于实际微波电路中。最常用的微带线结构如图 1.3.3(a)所示,(b)为微带线的电力线图,(c)为微带线的印刷板图。

图 1.3.3 中 W 为微带线导体带条的宽度;ε_r 为介质的相对介电常数;T 为导体带条厚度;H 为介质层(基片)厚度,通常 H 远大于 T。L 为微带线的长度。微带线的严格场解是由混合 TM-TE 波组成的,然而,在绝大多数实际应用中,介质基片非常薄($H \ll \lambda$),其场是准 TEM 波,因此可以用传

输线理论分析微带线。

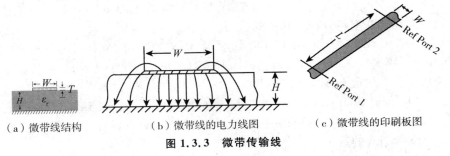

（a）微带线结构　　　　　（b）微带线的电力线图　　　　（c）微带线的印刷板图

图 1.3.3　微带传输线

微带线是由介质 ε_r（$\varepsilon_r > 1$）和空气混合填充，基片上方是空气，导体带条和接地板之间是介质 ε_r，可以近似等效为均匀介质填充的传输线，等效介电常数为 ε_e，介于 1 和 ε_r 之间（$1 < \varepsilon_e < \varepsilon_r$），依赖于基片厚度 H 和导体宽度 W。而微带线的特性阻抗与其等效介电常数为 ε_e、基片厚度 H 和导体宽度 W 有关，具体计算公式较复杂。

在我们的仿真软件中有专门计算微带线特性阻抗的程序，在主窗口顶部的 Window 下拉菜单 TXLINE 里，如图 1.3.4 所示。TXLINE 窗口顶部是各种结构传输线的标签页，主要有 Microstrip（微带线）、Stripline（带状线）、Round Coaxial（同轴线）、Slotline（缝隙线）、Coupled MSLine（耦合微带线）、Coupled Stripline（耦合带状线）等。图中所示为微带线标签页，包括 Material Parameters（材料参数）、Electrical Characteristics（电特性参数）和 Physical Characteristics（物理特性）参数。

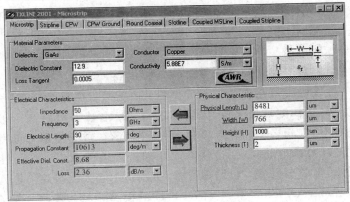

图 1.3.4　TXLINE 窗口

Material Parameters(材料参数)主要有 Dielectric Constant(介质的相对介电常数)ε_r、Loss Tangent(介质的损耗角正切)、Conductivity(导带条的导电率),在空格处输入相应的数值。

Electrical Characteristics(电特性参数)包括 Impedance(阻抗)、Frequency(频率)、Electrical Length(电长度)、Effective Diel Const(等效介电常数),在空白格上输入相应的数值。

Physical Characteristics(物理特性参数)包括 Physical Length(物理长度)、Width(宽度)、Height(介质基片厚度)、Thickness(导体厚度),在空白格上输入相应的数值。

对于一定的微带线材料参数,如果介质的相对介电常数ε_r、工作频率、物理长度、宽度、基片厚度和导体厚度已知,单击图中的左箭头,就能计算出微带线的电参数特性阻抗、电长度、等效介电常数等;反之亦然,如果介质的相对介电常数ε_r、工作频率、特性阻抗、电长度已知,单击右箭头,可以计算出物理参数,如物理长度、宽度等。

3. 微带线元件模型

如图 1.3.5 所示的是元器件库里部分微带线的模型:标准微带线、终端开路微带线、终端短路微带线、衬底材料、宽度阶梯变换、T 型接头、折弯。这些模型都是闭合形式的用于线性电路仿真的,而基于电磁形式的用于电磁仿真的模型没有列举,读者可以参考元器件库里的帮助文件了解。

4. 微带线的不均匀性

上述模型中,终端开路微带线 MLEF、宽度阶梯变换 MSTEP、T 型接头 MTEE 和折弯 MBENDA,是针对微带线的不均匀性而专门引入的。一般的微带电路元件都包含着一些不均匀性,例如微带滤波器中的终端开路线;微带变阻器的不同特性阻抗微带段的连接处,即微带线宽度的尺寸跳变;微带分支线电桥、功分器等则包含一些分支 T 型接头;在一块微带电路板上,为使结构紧凑及适应走线方向的要求,时常必须使微带折弯。由此可见,不均匀性在微带电路中是必不可少的。由于微带电路是分布参数电路,其尺寸已可与工作波长相比拟,因此其不均匀性必然对电路产生影响。从等效电路来看,它相当于并联或串联一些电抗元件,或是使参考面发生一些变化。在设计微带电路(特别是精确设计)时,必须考虑到不均匀性所引起的影响,将其等效参量计入电路参量中,否则将引起大的误差。在元器件库 Circuit Elements\Microstrip 里,都有现成的模型来模拟这些不均匀性,设计时根据需要直接将它们调入原理图中。

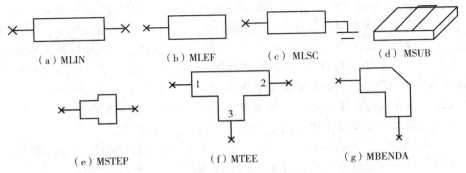

(a) MLIN　　(b) MLEF　　(c) MLSC　　(d) MSUB

(e) MSTEP　　(f) MTEE　　(g) MBENDA

图 1.3.5　微带线元件模型

其中,(a)MLIN 表示标准微带线,路径:Circuit Elements\Microstrip\Lines

(b)MLEF 表示终端开路微带线,路径:Circuit Elements\Microstrip\Lines

(c)MLSC 表示终端短路微带线,路径:Circuit Elements\Microstrip\Lines

(d)MSUB 表示微带线衬底材料,路径:Circuit Elements\Substrates\MSUB

(e)MSTEP 表示宽度阶梯变换,路径:Circuit Elements\Microstrip\Junctions

(f)MTEE 表示 T 型接头,路径:Circuit Elements\Microstrip\Junctions

(g)MBENDA 表示折弯,路径:Circuit Elements\Microstrip\Bends

三、实验内容

已知:输入阻抗　　　　$Z_{in}=75\ \Omega$

　　　负载阻抗　　　　$Z_L=(64+j35)\ \Omega$

　　　特性阻抗　　　　$Z_0=75\ \Omega$

　　　介质基片　　　　$\varepsilon_r=2.55$, $H=1mm$,导体厚度 T 远小于介质基片厚度 H。

假定负载在 2GHz 时实现匹配,利用图解法设计微带线单支节和双支节匹配网络,假设双支分支线与负载的距离 $d_1=\lambda/4$,两分支线之间的距离为 $d_2=\lambda/8$。画出几种可能的电路图并且比较输入端反射系数幅值从 1.8GHz 至 2.2GHz 的变化。

四、实验步骤

(1)建立新项目,确定项目中心频率为 2 GHz,步骤同实验一的(1)～(3)步。

(2)将归一化输入阻抗和负载阻抗所在位置分别标在 Y-Smith 导纳圆图上,步骤类似实验一的(4)～(6)步。

(3)设计单支节匹配网络,在圆图上确定分支线与负载的距离 d 以及分支线的长度 l 所对应的电长度,根据 d 和 l 的电长度、介质基片的 ε_r、H、特性阻抗、频率用 TXLINE 计算微带线物理长度和宽度。注意在圆图上标出的电长度 360° 对应二分之一波长，即 $\lambda/2$。

（4）在 Circuit Elements\Microstrip\Lines 下将微带线元件放置在原理图中。将微带线的衬底材料放在原理图中，选择 Circuit Elements\Substrates\MSUB 并且将其拖放在原理图中，双击该元件打开 Element Options 对话框，将介质的相对介电常数 ε_r、介质厚度 H、导体厚度 T 依次输入。注意考虑微带分支线处的不均匀性，选择适当的模型。

（5）负载阻抗选电阻与电感的串联形式，连接各元件端口。添加 PORT、GND，完成原理图。将项目频率改为扫频 1.8～2.2 GHz。

（6）在 Proj 下添加图，选择 Rectangular 图，添加测量，测量类型选 Port Parameters，测量选项为 S 参数，单位 dB，选择扫频 Sweep Proj. Freqs，选择幅度 Mag。如果输入端口是 1 端口，则 From Port Index 选 1，To Port Index 也选 1，代表输入端口（1 端口）的反射系数幅值。单击"OK"按钮完成添加测量，在下拉菜单 Simulate 里单击 Analyze 进行分析。

（7）调谐分支线的长度 l 以及与负载的距离 d，注意：不调节微带线的宽度，只调整微带线的长度，调整的范围为正负 10%。以调谐分支线长度为例，在原理图中双击该元件，弹出元件属性对话框如图 1.3.6（a）所示。选择 Parameters 页，在 L（长度）行，勾选 Tune。当选择调谐变量时，必须要选择该变量的上下限范围，勾选 Limit，输入调谐的上下限 Lower Upper 的值。这时在原理图中，这段微带线的长度变为蓝颜色，表示一个调谐变量。在主菜单 Simulate 里，单击 Tune 打开变量调谐器，如图 1.3.6（b）所示。类似地设置距离 d 为调谐变量，同时调谐两者的长度，选择最佳值，使输入端口的反射系数幅值在中心频率 2GHz 处最低。

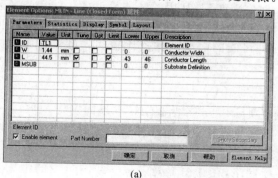
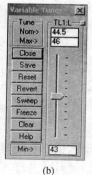

(a)　　　　　　　　　　　　　(b)

图 1.3.6　调谐元件参数

（8）设计双支节匹配网络，重新建立一个新的原理图，在圆图上确定分支线的长度 l_1、l_2 所对应的电长度，用 Txline 计算其物理长度和宽度，重复上面步骤（4）～（7）。注意只调谐微带线长度 l_1、l_2。

五、实验报告

（1）按照实验报告常规要求书写有关项目。

（2）在 Smith 圆图上，画出经过负载点的等驻波系数圆，对于单支节匹配器，借助 Smith 圆图，说明如何确定分支线与负载的距离 d 以及分支线的长度 l；对于双支节匹配器，说明如何确定分支线的长度 l_1、l_2。要求写出详细过程。

（3）利用 TXLINE 将电长度换算成微带线物理长度的方法，以及微带线宽度的计算方法。

（4）画出电路原理图，解释所选微带线模型的含义。

（5）画出输入端反射系数幅值随频率的变化曲线，比较调谐前后反射系数幅频特性曲线的变化（注意只调节微带线的长度，不调微带线的宽度），分析调谐前后元件参数的变化，解释调谐的原因。

（6）如果不考虑微带线不均匀性模型如 T 型接头、阻抗跳变器等，仿真的结果有何变化？分析变化的原因。

1.4 实验三 四分之一波长阻抗变换器

一、实验目的

（1）掌握单节和多节四分之一波长变阻器的工作原理。
（2）了解单节和多节变阻器工作带宽与反射系数的关系。
（3）掌握单节和多节四分之一波长变阻器的设计与仿真。

二、实验原理

1. 单节四分之一波长阻抗变换器

四分之一波长变阻器是一种阻抗变换元件，它可以用于负载阻抗或信号源内阻与传输线的匹配，以保证最大功率的传输；此外，在微带电路中，将两段不同特性阻抗的微带线连接在一起时为了避免线间反射，也应在两者之间加四分之一波长变阻器。下面以负载阻抗为例说明匹配的原理，为了简单起见假设传输线为无损耗。

实现负载阻抗与传输线匹配，其实质是利用"补偿原理"，即由可调的匹配器产生一个合适的附加反射波,它与负载阻抗所产生的反射波在指定的参考面上等幅而反相。从而相互抵消,相当于传输线在此参考面上与一个等效匹配负载相连。

(1)负载阻抗为纯电阻 R_L

如图 1.4.1 所示,假设主传输线特性阻抗为 Z_0,但是 $R_L \neq Z_0$,则可以在 R_L 与主传输线之间接入一段特性阻抗为 Z_1 的四分之一波长的传输线,λ 为波长,使得该线段输入参考面 1-1 的输入阻抗与主传输线的特性阻抗相等如图 1.4.1 所示,即 $Z_{11}=Z_0$,Z_{11} 为参考面 1-1 的输入阻抗。

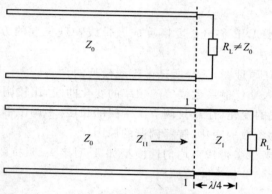

图 1.4.1 纯电阻负载的四分之一波长变阻器

这样就实现了匹配。根据微波传输线理论得:$Z_{11}=\dfrac{Z_1^2}{R_L}$,因为 $Z_{11}=Z_0$,所以

$$Z_1=\sqrt{R_L Z_0} \qquad (1.4.1)$$

由于无耗传输线的特性阻抗 Z_0、Z_1 均为实数,所以四分之一波长变换器一般用来匹配纯电阻性负载。

显然,$\dfrac{\lambda}{4}$ 线段只能对频率 f_0 得到理想匹配。当频率变化时,匹配将被破坏,主传输线上的反射系数将增大。下面讨论传输线上的反射系数与频率的关系,这里只讨论负载为纯电阻的情况,如图 1.4.1 所示。根据传输线理论当 $f \neq f_0$ 时,1-1 端的输入阻抗为:

$$Z_{11}=Z_1\frac{R_L+jZ_1\tan\theta}{Z_1+jR_L\tan\theta} \qquad (1.4.2)$$

式中，$\theta=\beta l$，$\beta=\dfrac{2\pi f}{v}$，β 为相位常数，v 为相速，l 为负载与 1-1 参考面的距离，在中心频率 f_0 处，将 $l=\dfrac{\lambda_0}{4}=\dfrac{v}{4f_0}$ 代入式(1.4.2)得

$$Z_{11}=Z_1\dfrac{R_L+jZ_1\tan\dfrac{\pi}{2}\left(\dfrac{f}{f_0}\right)}{Z_1+jR_L\tan\dfrac{\pi}{2}\left(\dfrac{f}{f_0}\right)} \tag{1.4.3}$$

因此主传输线在任意频率下的反射系数的模为

$$|\varGamma|=\left|\dfrac{Z_{11}-Z_0}{Z_{11}+Z_0}\right| \tag{1.4.4}$$

$$=\left|\dfrac{R_L}{Z_0}-1\right|\bigg/\sqrt{\left(\dfrac{R_L}{Z_0}+1\right)^2+4\left(\dfrac{R_L}{Z_0}\right)\tan^2\left(\dfrac{\pi}{2}\cdot\dfrac{f}{f_0}\right)}$$

定义下列公式为变阻器的中心频率和相对带宽：

$$f_0=\dfrac{f_1+f_2}{2} \tag{1.4.5}$$

$$W_q=\dfrac{f_2-f_1}{f_0} \tag{1.4.6}$$

式中，f_2 和 f_1 分别为频带的上下边界，f_0 为中心频率，W_q 为相对带宽。假设 $\varGamma_m$ 为可容许的最大反射系数幅值，当 $f=f_1=f_m$ 时，$|\varGamma|=\varGamma_m$，代入式(1.4.4)得

$$\dfrac{f_m}{f_0}=\dfrac{2}{\pi}\arccos\left[\dfrac{\varGamma_m}{\sqrt{1-\varGamma_m^2}}\dfrac{2\sqrt{Z_0R_L}}{|R_L-Z_0|}\right] \tag{1.4.7}$$

由于式(1.4.4)的响应在中心频率 f_0 附近是对称的，变阻器的相对带宽近似变为：

$$W_q\approx\dfrac{2(f_0-f_m)}{f_0} \tag{1.4.8}$$

再将式(1.4.7)代入式(1.4.8)得

$$W_q=2-\dfrac{4}{\pi}\arccos\left[\dfrac{\varGamma_m}{\sqrt{1-\varGamma_m^2}}\dfrac{2\sqrt{Z_0R_L}}{|R_L-Z_0|}\right] \tag{1.4.9}$$

另外根据式(1.4.2)、式(1.4.3)知：对应于频率 f_m（对应 $\varGamma_m$）的相位 θ_m 为：$\theta_m=\dfrac{\pi}{2}\left(\dfrac{f_m}{f_0}\right)$，因此式(1.4.8)的相对带宽也可以表示为

$$W_q=2-\dfrac{4\theta_m}{\pi} \tag{1.4.10}$$

（2）负载阻抗为复数 Z_L

我们知道实现匹配之前线上会存在驻波，如图 1.4.2 所示，在电压驻波波腹和波节位置的输入阻抗为纯电阻，它们分别是 $R_{max} = \rho Z_0$，$R_{min} = Z_0/\rho$，其中 ρ 为驻波比。这时可以把电压驻波波节处的输入阻抗作为等效负载阻抗，即

$$Z_1 = \sqrt{Z_0 Z_0/\rho} = Z_0 \sqrt{1/\rho} \qquad (1.4.11)$$

而将 $\dfrac{\lambda}{4}$ 变换器接在电压驻波波节位置（离负载为 L_M 处）。也可把电压驻波波腹的输入阻抗作为等效负载阻抗，求得

$$Z_1 = \sqrt{\rho Z_0 Z_0} = Z_0 \sqrt{\rho} \qquad (1.4.12)$$

而 $\dfrac{\lambda}{4}$ 变换器接在波腹处（离负载为 L_N 处）。

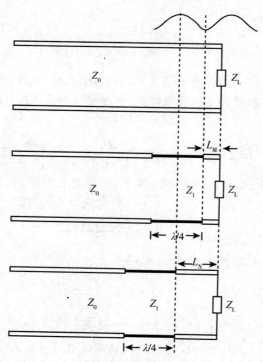

图 1.4.2　复数负载阻抗的 $\dfrac{\lambda}{4}$ 阻抗变换器

2. 多节四分之一波长阻抗变换器

单节四分之一波长变阻器是一种简单而有用的电路,其缺点是频带太窄。为了获得较宽的频带,可以采用双节或多节阻抗变换器,多节四分之一波长变阻器如图 1.4.3 所示。

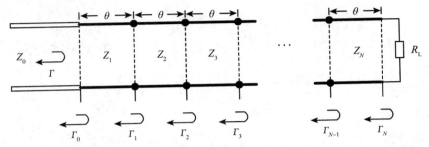

图 1.4.3 多节阻抗变换器

图中显示了 N 节阻抗变换器,$Z_0, Z_1, Z_2, \cdots, Z_N$ 为各节的特性阻抗,R_L 代表负载阻抗(为实数),并假设 $R_L > Z_N > Z_{N-1}, \cdots, Z_2 > Z_1, Z_1 > Z_0$,每节电长度均为 θ,即 $\theta = \beta l$,l 为在中心频率处四分之一波长;$\Gamma_0, \Gamma_1, \Gamma_2, \cdots, \Gamma_{N-1}, \Gamma_N$ 则为连接处的反射系数,Γ 为传输线输入端口的总反射系数。

根据微波技术理论,在连接处的反射系数为

$$\Gamma_0 = \frac{Z_1 - Z_0}{Z_1 + Z_0} \tag{1.4.13a}$$

$$\Gamma_n = \frac{Z_{n+1} - Z_n}{Z_{n+1} + Z_n} \tag{1.4.13b}$$

$$\Gamma_N = \frac{R_L - Z_N}{R_L + Z_N} \tag{1.4.13c}$$

因为 $Z_0, Z_1, Z_2, \cdots, Z_N, R_L$ 都是实数,且 $R_L > Z_N > Z_{N-1}, \cdots, Z_2 > Z_1, Z_1 > Z_0$,所以连接处的反射系数 $\Gamma_0, \cdots, \Gamma_n, \cdots, \Gamma_N$ 全部为正实数,则总反射系数 Γ 可近似为

$$\Gamma(\theta) = \Gamma_0 + \Gamma_1 \mathrm{e}^{-2\mathrm{j}\theta} + \Gamma_2 \mathrm{e}^{-4\mathrm{j}\theta} + \cdots + \Gamma_N \mathrm{e}^{-2\mathrm{j}N\theta} \tag{1.4.14}$$

设计多节四分之一波长阻抗变换器时,通常采用二项式(最平坦)响应和切比雪夫(等波纹)响应。两种设计方法都有各自的优缺点,二项式阻抗变换器具有最平坦的通带特性,而工作带宽较切比雪夫变换器窄;与二项式阻抗变换器相比,切比雪夫阻抗变换器是以通带内的波纹为代价而得到最佳带宽的。

（1）二项式多节阻抗变换器

根据二项式通带特性的表示式为

$$\Gamma(\theta) = A(1 + e^{-j2\theta})^N \qquad (1.4.15)$$

式中，A 为常数，令 $\theta = 0 (f \to 0)$，则总反射系数为

$$\Gamma(0) = A2^N = \frac{R_L - Z_0}{R_L + Z_0} \qquad (1.4.16)$$

利用式（1.4.16）可以确定常数 A。另外按照二项式将式（1.4.15）展开：

$$\Gamma(\theta) = A(1 + e^{-j2\theta})^N = A\sum_{n=0}^{N} C_n^N e^{-2jn\theta} \qquad (1.4.17)$$

式中，

$$C_n^N = \frac{N!}{(N-n)!\ n!} \qquad (1.4.18)$$

比较式（1.4.14）与式（1.4.17），令对应项的系数相等即，$\Gamma_n = AC_n^N$，经过近似（有兴趣的读者可参阅相关的微波书籍），最终得到二项式多节阻抗变换器的近似设计公式：

$$\ln \frac{Z_{n+1}}{Z_n} = 2^{-N} C_n^N \ln \frac{R_L}{Z_0} \qquad n = 0,\ 1,\ 2,\cdots,N \qquad (1.4.19)$$

下面讨论二项式变阻器的带宽：

将 $|\Gamma(\theta)| = \Gamma_m$，$\theta = \theta_m$ 代入式（1.4.15）经过变换得

$$\theta_m = \arccos\left[\frac{1}{2}\left(\frac{\Gamma_m}{|A|}\right)^{1/N}\right] \qquad (1.4.20)$$

代入式（1.4.10）得到

$$W_q = 2 - \frac{4}{\pi}\arccos\left[\frac{1}{2}\left(\frac{\Gamma_m}{|A|}\right)^{1/N}\right] \qquad (1.4.21)$$

（2）切比雪夫多节阻抗变换器

切比雪夫阻抗变换器的设计方法是：使它的反射系数的模 $|\Gamma(\theta)|$ 随 θ 按切比雪夫多项式变化，其设计公式的推导过程与上述二项式类似，由于篇幅所限，这里不再累赘，有兴趣的读者可参阅相关的微波书籍。

为了便于应用，附录 6 中给出了切比雪夫阻抗变换器的设计表格，其中 R 为阻抗比，$R = \frac{R_L}{Z_0}$，n 为节数。注意表中给出的是驻波比，带内最大的驻波比与反射系数的模 Γ_m 的关系为：$\rho_m = \frac{1 + \Gamma_m}{1 - \Gamma_m}$。当阻抗比 R 和相对带宽

W_q一定时,节数越多,带内最大的驻波比越小;同理当阻抗比R和带内最大的驻波比一定时,变阻器的带宽越宽,所需节数越多。

三、实验内容

(1)已知:负载阻抗为纯电阻$R_L=150\Omega$,中心频率$f_0=3\text{GHz}$,主传输线特性阻抗$Z_0=50\Omega$,介质基片$\varepsilon_r=4.6$,厚度$H=1\text{mm}$,最大反射系数模Γ_m不应超过0.1,设计1,2,3节二项式变阻器,在给定的反射系数条件下比较它们的工作带宽,要求用微带线形式实现。

(2)已知负载阻抗为复数:$Z_L=85-j45\Omega$,中心频率$f_0=3\text{GHz}$,主传输线特性阻抗$Z_0=50\Omega$,在电压驻波波腹或波节点处利用单节四分之一波长阻抗变换器,设计微带线变阻器。微带线介质参数同上。

四、实验步骤

(1)对于纯电阻负载,根据已知条件,利用式(1.4.1)、式(1.4.18)、式(1.4.19)确定单节和多节传输线的特性阻抗,利用式(1.4.9)、式(1.4.21)确定单节和多节变阻器的相对带宽。

(2)根据各节传输线的特性阻抗,利用TXLINE计算相应微带线的长度及宽度。每段变阻器的长度为四分之一波长(在中心频率),即$l=\lambda_{g0}/4$,λ_{g0}为对应频率f_0处微带线的等效波长。

(3)对于复数负载Z_L,根据负载阻抗Z_L、特性阻抗Z_0,计算归一化负载阻抗和反射系数,将负载反射系数标注在Smith圆图上,从负载点沿等驻波系数圆向源方向旋转,与Smith圆图左半实轴交点,即电压驻波波节处,旋转过的电长度为L_M,利用式(1.4.11)计算变换器的特性阻抗;向源方向旋转与Smith圆图右半实轴交点,即电压驻波波腹处,旋转过的电长度为L_N,利用式(1.4.12)计算变换器的特性阻抗。

(4)根据传输线的特性阻抗,利用TXLINE计算相应微带线的长度及宽度,以及对应电长度为L_M、L_N的微带线长度。

(5)在Microwave Office下完成单节变阻器、二项式多节变阻器原理图,要考虑微带线的不均匀性,选择适当的模型,如微带线阻抗跳变点处。

(6)在Proj下添加图,选择Rectangular图,选择单位和项目频率1~5GHz。添加测量,测量类型选择Port Parameters,测量选项为S参数,选择扫频Sweep Proj.Freqs,选择幅度Mag。选择反射系数例如S_{11}、S_{22}、S_{33}等。单击"OK"按钮完成添加测量。在下拉菜单Simulate里单击Analyze进行分析。

（7）调谐电路元件参数，比如调谐一段微带线，保持微带线宽度不变（因为宽度与特性阻抗有关），调节其长度，调整范围一般不超过±10%。打开测量图形，观察反射系数幅值随频率的变化，调谐微带线的长度，使反射系数幅值在中心频率 3GHz 处最低。

（8）对于纯电阻负载，上述指标不变，采用 3 节切比雪夫变阻器重新设计上述阻抗变换器，利用 $\rho_m = \dfrac{1+\Gamma_m}{1-\Gamma_m}$ 求出带内容许的最大驻波比，查阅附录 6，确定其相对带宽和特性阻抗。

五、实验报告

（1）按照实验报告常规要求书写有关项目。

（2）画出纯电阻负载单节和多节四分之一波长阻抗变换器的电路原理图，标明各元件的参数值，解释微带不均匀模型的含义。对照图 1.4.3 所示的多节变阻器，说明原理图中每个元件代表的特性阻抗，标明阻抗跳变点处的反射系数。

（3）对于复数负载，在 Smith 圆图上标明 L_N（波腹处离负载的电长度）和 L_M（波节处离负载的电长度）。画出电路原理图，标明各元件的参数值。

（4）画出调谐前后输入端反射系数幅值随频率的变化曲线，标出各元件参数的变化。对于纯电阻负载，画出单节和多节四分之一波长阻抗变换器的反射系数幅值随频率的变化曲线。当最大反射系数模不超过 0.1 时，比较单节和多节四分之一波长阻抗变换器的工作带宽，并且将仿真的结果与理论计算相比较，分析工作频带和变阻器节数的关系。

（5）通过仿真比较 3 节二项式和切比雪夫阻抗变换器的频率特性曲线，说明各自的优缺点，如工作带宽、带内的平坦度等。

1.5　实验四　低通滤波器

一、实验目的

（1）掌握集总参数元件低通滤波器的设计方法。

（2）掌握分布参数元件低通滤波器的设计方法。

（3）掌握集总参数元件和微带线低通滤波器的设计与仿真。

二、实验原理

滤波器在射频微波发射和接收系统中起着非常重要的作用，系统中每一级电路都要插入滤波器,选取期望频带的信号,滤除干扰成分。射频微波滤波器的设计分为如下两部分。

第一步:根据给定的性能指标如频率衰减特性、相移函数等,利用网络综合理论如插入损耗法,选择低通原型滤波器电路。

为了使设计简单,低通原型的阻抗和频率已经归一化。将低通原型定标到要求的频率和阻抗,可以实现任何频率、任何阻抗、任何类型(如低通、带通、带阻、高通)的滤波器。

第二步:集总参数滤波器用分布参数元件实现。

由于射频微波频率较高,设计滤波器时,集总参数元件电容电感经常用分布参数元件来实现,例如微带线滤波器。图 1.5.1 为微带线滤波器的设计步骤。

图 1.5.1 设计微带线滤波器步骤

理想的低通滤波器在通带内插入损耗为零,在阻带内衰减为无限大,而且在通带内相位特性为线性(防止信号失真)。当然这样的滤波器实际并不存在,所以常用巴特沃斯函数(最平坦)和切比雪夫函数(等波纹)等去逼近理想特性。

1. 最平坦响应(巴特沃斯响应)

最平坦低通滤波器的衰减频率特性如图 1.5.2(a)所示,图中纵坐标表示衰减,单位为 dB,横坐标为角频率,$0 \sim \omega_c$ 之间的最大衰减为 L_{Ar},称为"通带",ω_c 为"通带"内的"截止频率"。L_{As} 为带外最小衰减,对应的 ω_s 为带外"截止频率"。

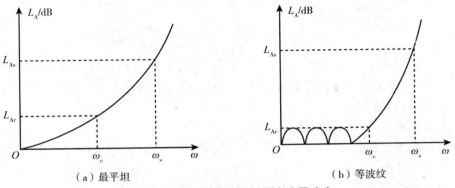

(a)最平坦   (b)等波纹

1.5.2 最平坦及等波纹低通滤波器响应

最平坦特性也被成为巴特沃斯响应，而且就给定的滤波器的复杂性或是阶数，在提供最平坦的通带响应上做到最佳化，对应的数学表达式为

$$L_A(\omega) = 10\lg\left[1 + \varepsilon\left(\frac{\omega}{\omega_c}\right)^{2n}\right] \tag{1.5.1}$$

$$\varepsilon = 10^{\frac{L_{Ar}}{10}} - 1 \tag{1.5.2}$$

式中，$L_A(\omega)$ 表示插入损耗或功率损耗，L_{Ar} 表示带内的最大衰减，n 表示滤波器的阶数，即电路中电抗元件的数目，$\frac{\omega}{\omega_c}$ 表示归一化频率。由式（1.5.2）可知，ε 取决于带内最大衰减 L_{Ar}。通常取 $L_{Ar} = 3\mathrm{dB}$，则 $\varepsilon = 1$，这时对应的 ω_c 称为 3dB 带宽。此时无论 n 取任何值，$L_{Ar} = 3\mathrm{dB}$。当 ε 确定后，常数 n 取决于带外衰减 L_{As} 及对应的 ω_s，利用式（1.5.1）可得 n 的值。为了应用方便，常把阻带衰减特性画成曲线（见附录 3）。横坐标为 $\left|\frac{\omega_s}{\omega_c}\right| - 1$，纵坐标为对应于 ω_s 的带外衰减 L_{As}，图中绘出了 $n = 1 \sim 10$ 的曲线。

2. 等波纹响应（切比雪夫响应）

等波纹也称为切比雪夫响应，其衰减频率特性如图 1.5.2(b) 所示，与最平坦相比通带内幅度响应有波纹，但是通带边缘处有尖锐的截止特性，采用切比雪夫多项式响应确定 n 阶低通滤波器的插入损耗为

$$L_A = 10\lg\left[1 + \varepsilon T_n^2\left(\frac{\omega}{\omega_c}\right)\right] \tag{1.5.3}$$

式中，$T_n\left(\frac{\omega}{\omega_c}\right)$ 为切比雪夫多项式，n 和 ε 如上定义，其表示式为：

$$T_n\left(\frac{\omega}{\omega_c}\right) = \begin{cases} \cos\left(n \cdot \arccos\left(\frac{\omega}{\omega_c}\right)\right) & \omega \leqslant \omega_c \\ \mathrm{ch}\left(n \cdot \mathrm{arcch}\left(\frac{\omega}{\omega_c}\right)\right) & \omega \geqslant \omega_c \end{cases} \tag{1.5.4}$$

尽管由于 $|x| \leqslant 1$ 时，$T_n(x)$ 在正负 1 之间振荡，通带内有幅度响应的波纹，但是通带边缘处有尖锐的截止特性。为了应用方便，阻带衰减特性画成曲线（见附录 4）。

3. 集总参数元件低通滤波器

低通原型滤波器电路如图 1.5.3 所示，图中 $g_0, g_1, g_2, \cdots, g_{n+1}$ 均为归一化元件值，g_0 为信号源内阻，通常 $g_0 = 1$，其他各元件对 g_0 归一化，g_{n+1} 为负载阻抗的归一化值，频率对 ω_c 归一化。为了便于应用，附录 1 和附录 2

46

给出了最平坦和等波纹切比雪夫逼近滤波器的归一化元件值。由附录可知,对于最平坦式低通原型,不论 n 取何值,均有 $g_{n+1}=1$。对于等波纹式低通原型,当 n 为奇数时,$g_{n+1}=1$;当 n 为偶数时,$g_{n+1}\neq 1$。

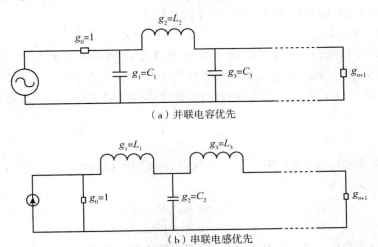

（a）并联电容优先

（b）串联电感优先

图 1.5.3　低通原型滤波器电路

图 1.5.3 的低通原型电路是采用了对频率(截止频率 ω_c)和阻抗(信号源内阻 R_0)进行归一化。附录 1 和附录 2 中给出的数据代表归一化值,实际电路的元件值通过对阻抗和频率的定标得到,即对表格中的数据进行反归一化。假设信号源内阻为 R_0,截止频率为 ω_c,归一化频率 Ω 表示为

$$\Omega=\frac{\omega}{\omega_c} \tag{1.5.5}$$

ω 表示实际角频率,ω_c 表示实际截止角频率。由于归一化频率值比实际值降低了 ω_c 倍,为保持滤波器各元件间的阻抗关系不变,用 $\frac{\omega}{\omega_c}$ 代替 ω,代入原型滤波器的电抗和电纳表达式中,可确定实际电路元件值。

假设 R_i、L_i、C_i 分别表示归一化的电阻、电感、电容值,R_i'、L_i'、C_i' 分别表示定标后的电阻、电感、电容值,则两者关系如下:

$$R_i'=R_0 R_i \tag{1.5.6a}$$

$$L_i'=\frac{R_0 L_i}{\omega_c} \tag{1.5.6b}$$

$$C_i'=\frac{C_i}{R_0 \omega_c} \tag{1.5.6c}$$

4. 分布参数元件低通滤波器

随着工作频率的增高，当工作波长与滤波器元件的物理尺寸接近时，实现滤波器设计，必须将集总参数元件变换为分布参数元件，为此下面介绍一种变换方法，即理查德（Richards）变换和科洛达（Kuroda）规则。

（1）Richards 变换

设计滤波器时，为了实现从集总参数元件到分布参数元件的变换，Richards 将一段开路或短路传输线等效于电容或电感元件。由微波理论可知，一段特性阻抗为 Z_0 的终端短路传输线（无损耗）具有纯电抗性输入阻抗 Z_{in}：

$$Z_{in} = jZ_0 \tan(\beta l) \tag{1.5.7}$$

若令 $\Omega = \tan(\beta l)$，用 Ω 替换频率变量 ω，则电感的电抗和电容的电纳分别表示为

$$jX_L = j\Omega L = jL\tan(\beta l)$$
$$jB_C = j\Omega C = jC\tan(\beta l) \tag{1.5.8}$$

式中，β 为相位常数，l 为传输线长度，因此集总参数电感可以用特性阻抗为 $Z_0 = L$，电长度为 βl 的短路传输线代替，而集总参数电容可以用特性阻抗为 $Z_0 = 1/C$，电长度为 βl 的开路传输线代替。

对于低通滤波器原型，截止产生在单位频率处，即 $\Omega = \tan(\beta l) = 1$，要求在截止频率 ω_c 下，传输线长度 $l = \lambda c/8$，λc 是传输线在截止频率 ω_c 下的波长。因为传输线的阻抗随频率周期性变化，每 $4\omega_c$ 重复一次，所以此类滤波器存在寄生通带。

（2）Kuroda 规则

在工程上实现串联电感时，采用串联短路传输线比用并联开路传输线更困难。为了方便各种传输线结构之间的互相变换，Kuroda 提出来四个规则（见表 1-5-1）。

表中的单位元件是长度为 $\lambda_c/8$（对应于截止频率 ω_c）的传输线，其特性阻抗如表中所注。应用单位元件的原理是在滤波器的信号源和负载端插入与其阻抗相匹配的传输线段，并不影响滤波器的特性，再利用 Kuroda 规则，将串联短路传输线变换为并联开路传输线，实现滤波器的设计，具体做法请查阅后面的参考实例。注：微带低通滤波器所有的传输线长度，包括单位元件、串联短路传输线以及并联开路传输线，都是 $\lambda_c/8$（对应于截止频率 ω_c）。

48

表 1-5-1 Kuroda 规则

$$N = 1 + \frac{Z_2}{Z_1}$$

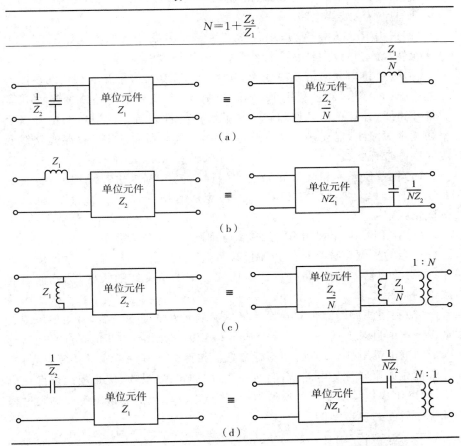

三、实验内容

设计一个输入、输出阻抗为 50Ω 的等波纹低通滤波器,截止频率 $\omega_c =$ 2GHz,带内波纹 0.5dB,当频率大于截止频率的 2 倍时损耗不小于 40dB。微带线介质基片材料:$\varepsilon_r = 4.6$,厚度 $H = 0.635\text{mm}(25\text{mil})$。要求用集总参数元件和微带线两种方法实现低通滤波器。

四、实验步骤

(1)根据给定的通带、阻带的衰减值,查阅附录 4 等波纹原型阻带衰减频率特性,确定所需的最小元件数目 n,即滤波器的阶数,查表获取等波纹原型滤波器的元件归一化值,选择并联电容或串联电感优先的电路,画出归一化低通原型滤波器电路。

(2)根据 Richards 变换,用开路和短路微带线替换原型电路的电容和电感元件,确定每段微带线的特性阻抗,画出等效电路图。

(3)为了将串联微带线段变为并联线段,需要在信号源端和负载端插入与之匹配的单位元件。利用 Kuroda 规则,将串联微带短路线变换为并联微带开路线,计算单位元件和微带短截线的特性阻抗。如果电路中有多个串联微带短路线,需要多次插入单位元件,直到将所有的串联微带短路线变成并联微带开路线。

(4)将单位元件和微带开路线的特性阻抗用 50Ω 进行反归一化,利用 TXLINE 计算微带线的宽度和长度,注意所有微带线长度均为 $\lambda_c/8$(对应于截止频率 ω_c)。

(5)在 Microwave Office 下完成原理图,注意考虑微带线的不均匀性,选择适当的模型。选择单位和项目频率,添加测量(如 $|S_{21}|$),运行仿真程序,画出滤波器的带内、带外的衰减曲线。调谐微带线的长度,达到低通滤波器的指标要求。

(6)利用滤波器综合向导设计集总参数元件低通滤波器,启动项目浏览页 Wizards 目录下的滤波器综合向导(Filter Synthesis Wazards)功能,选择低通滤波器响应,输入各项指标参数。按照向导程序依次选择集总元件,并联优先或串联优先电路,命名原理图,添加图、测量项、优化项。全部完成后,即可生成集总参数元件滤波器原理图,以及相关的测量图等。详细过程可查阅后面的参考实例。

五、实验报告

(1)按照实验报告常规要求书写有关项目。

(2)画出 Richards 变换后的等效电路图,标明每段微带线的特性阻抗。

(3)利用 Kuroda 规则,写出从串联微带短路线到并联微带开路线的变换过程,计算单位元件和微带短截线的特性阻抗。

(4)画出微带线低通滤波器的电路图,标明各段微带线的特性阻抗及其对应的宽度和长度。

(5)通过仿真,分析滤波器带内、带外的衰减特性,比较集总参数元件和微带线两种低通滤波器的性能指标。

(6)根据上述步骤(1)画出的归一化低通原型滤波器电路,利用式

(1.5.6)对其电容、电感进行反归一化,得到电容、电感的实际值,将其与利用滤波器综合向导设计的元件参数值相比较。

六、参考实例

设计一个 3 阶等波纹低通滤波器,指标要求:截止频率 $\omega_c = 2\text{GHz}$,带内 0.5dB 波纹,输入、输出阻抗 50Ω,用集总元件和微带线结构实现,微带线介质基片材料:$\varepsilon_r = 4.6$,厚度 $H = 0.635\text{mm}(25\text{mil})$。

实验步骤:

1. 设计微带线低通滤波器

(1)查附录 2 等波纹(0.5dB)归一化低通滤波器原型的元件值,选择串联电感优先,画出低通原型滤波器电路如图 1.5.4 所示。

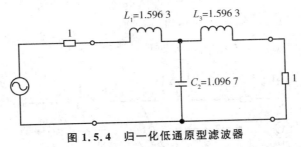

图 1.5.4 归一化低通原型滤波器

(2)根据 Richards 变换,将图 1.5.4 中的串联电感用串联短路微带线代替,并联电容用并联开路微带线代替,短路微带线的特性阻抗分别为 L_1、L_3,开路微带线的特性阻抗为 $1/C_2$,微带线长度均为 $\lambda_c/8$(对应于截止频率 $f_c = 2\text{GHz}$),画出等效电路图如图 1.5.5(a)所示。

(3)图 1.5.5(a)中的串联微带线在工程上实现较困难,为了将串联线段变为并联线段,需要在信号源端和负载端分别插入特性阻抗为 50Ω 的微带传输线段作为单位元件(线段长度为 $\lambda_c/8$,λ_c 对应于截止频率 $f_c = 2\text{GHz}$),如图 1.5.5(b)所示。因为信号源和负载阻抗都是 50Ω,所以插入的单位元件并不影响滤波器的特性。利用表 1-5-1 Kuroda(b)规则等效,将串联短路微带线变换为并联开路微带线,计算等效后各段微带线的特性阻抗,如图 1.5.5(c)所示,Kuroda 规则中的 N 为

$$N = 1 + \frac{Z_2}{Z_1} = 1 + \frac{1}{1.596\ 3} \tag{1.5.9}$$

(4)反归一化过程包括阻抗和频率定标,上述微带线的特性阻抗均为归

51

一化值,乘以 50Ω 进行反归一化得到实际值,利用 TXLINE 计算微带线的物理长度($\lambda_c/8$,λ_c 对应于截止频率 $f_c = 2\text{GHz}$)和宽度。

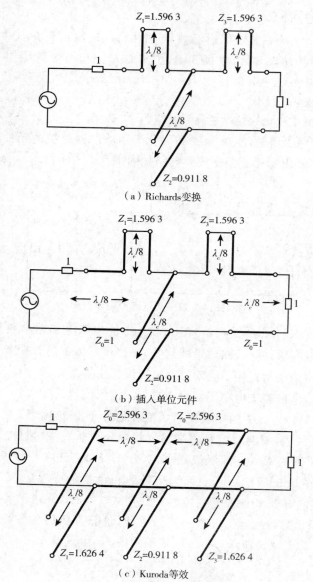

（a）Richards变换

（b）插入单位元件

（c）Kuroda等效

图 1.5.5　微带线低通滤波器的实现

（5）在 Microwave Office 下完成原理图，微带线低通滤波器的原理图如图 1.5.6 所示（注意图中的微带线长度是调谐后的），其中端口 1 代表信号源内阻为 50Ω，端口 2 代表负载阻抗为 50Ω。图 1.5.7 为微带线滤波器的布线图。

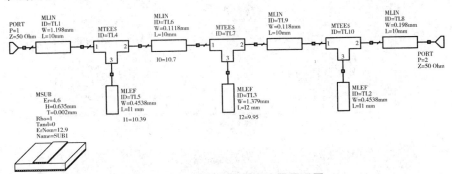

图 1.5.6 微带线低通滤波器原理图

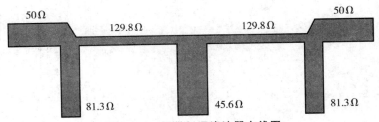

图 1.5.7 微带低通滤波器布线图

（6）选择项目频率为 0～12GHz，选择 Rectangular 图。添加测量滤波器的频率衰减特性，测量类型选择 Port Parameters，测量选项为 S 参数，数据源选择微带线电路（如 Schematic 1），选择扫频 Sweep Proj. Freqs，选择幅度 Mag，单位 dB。From Port Index 选 1，To Port Index 选 2，用符号 $|S_{21}|$ 表示，代表从 1 端口到 2 端口滤波器的衰减（传输损耗）值，单击"OK"按钮完成添加测量，如图 1.5.8 所示。在下拉菜单 Simulate 里单击 Analyze 进行分析，画出微带线低通滤波器的带内、带外的衰减曲线。

（7）调谐或优化微带线的长度，例如原理图 1.5.6 中两侧并联的开路微带线段，即变量 l_1 的长度。将 l_1 设为调谐或优化变量，如图 1.5.9(a) 所示，限定上下限的范围为 10～12，当前值为 10.39，单击"OK"按钮。打开项目调谐器，如图 1.5.9(b) 所示，调谐 l_1 的长度，使 $|S_{21}|$ 达到设计的指标要求。

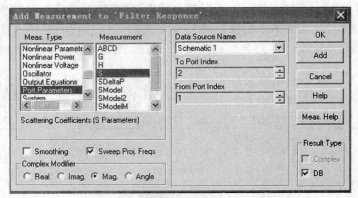

图 1.5.8 添加测量微带线滤波器的衰减 $|S_{21}|$

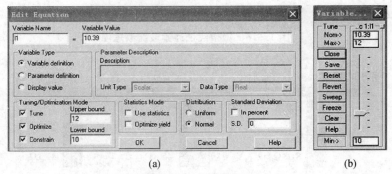

(a)　　　　　　　　　　　(b)

图 1.5.9 调谐变量

2.利用滤波器综合向导设计集总元件低通滤波器

(1)启动项目浏览页 Wizards 目录下的滤波器综合向导(Filter Synthe-sis Wazards)功能,选择低通滤波器响应,如图 1.5.10 所示。

(2)选择切比雪夫(等波纹)响应,单击"下一步"按钮,进入滤波器参数定义页,如图 1.5.11 所示。参数定义如下:

N:3	元件数目为 3
FC:2GHz	截止频率为 2 GHz
PP:Ripple(dB)	带内波纹
PV:0.5	波纹衰减值为 0.5(dB)
RS:50	源阻抗为 50Ω
RL:50	负载阻抗为 50Ω

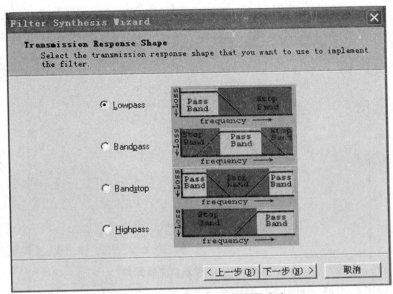

图 1.5.10　选择低通滤波器响应

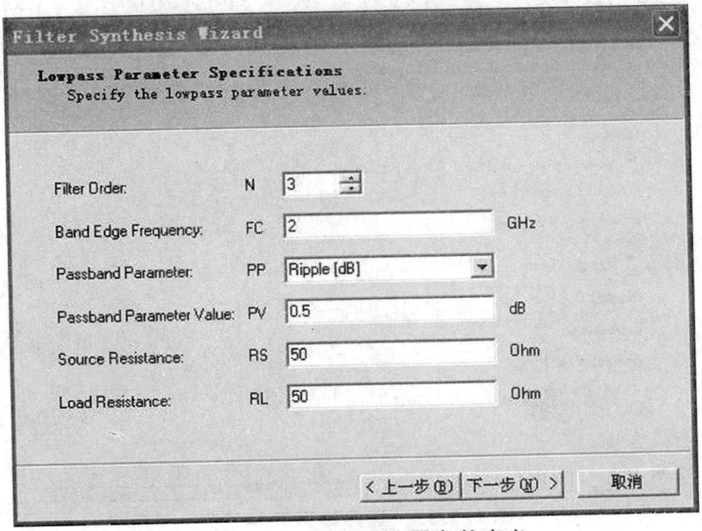

图 1.5.11　低通滤波器参数定义

　　(3)依次单击"下一步"按钮,选择理想电路模型(Ideal Electrical Model),集总元件(Lumped Element),如图 1.5.12 所示。单击"下一步"按钮。

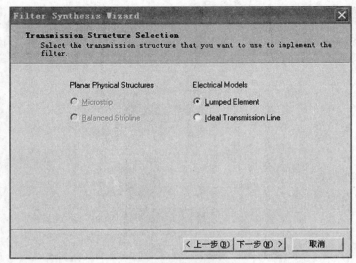

图 1.5.12   选择集总参数元件

（4）选择串联元件优先，如图 1.5.13 所示，单击"下一步"按钮。

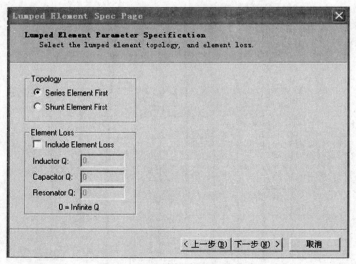

图 1.5.13   选择串联元件优先

（5）命名原理图，添加图和测量项等，如图 1.5.14 所示，单击"下一步"按钮。

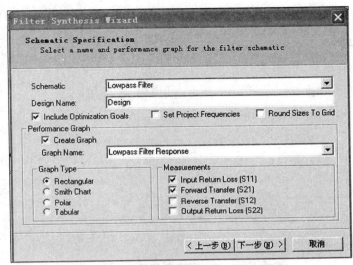

图 1.5.14　命名原理图、添加图和测量项

　　(6)完成低通滤波器综合向导，如图 1.5.15 所示。单击"完成"按钮，即生成集总元件低通滤波器原理图(Lowpass Filter)、测量直方图(Lowpass Filter Responre)、测量项 S_{11} 和 S_{21} 以及优化目标。

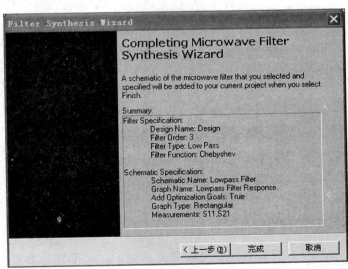

图 1.5.15　完成低通滤波器综合向导

（7）生成集总元件低通滤波器原理图，如图 1.5.16 所示，其中电容 C_0、电感 L_0 的值都是经过优化的。

（8）仿真分析集总元件低通滤波器的性能指标，双击生成的 Lowpass Filter Responre 图，观察 $|S_{21}|$ 在带内、带外的变化，与设计要求的性能指标比较。如果不满足要求，调谐电容 C_0 和电感 L_0 的值。

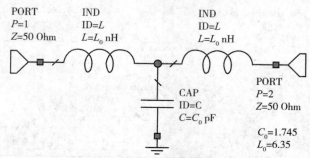

PORT IND IND
P=1 ID=L ID=L
Z=50 Ohm L=L_0 nH L=L_0 nH

CAP PORT
ID=C P=2
C=C_0 pF Z=50 Ohm

C_0=1.745
L_0=6.35

图 1.5.16 集总元件低通滤波器原理图

1.6 实验五 耦合微带线带通滤波器

一、实验目的

（1）掌握集总元件带通滤波器的设计方法。
（2）掌握耦合微带线带通滤波器的工作原理和设计方法。
（3）掌握带通滤波器的设计与仿真。

二、实验原理

1. 低通原型滤波器到带通的变换

（1）频率变换

将低通原型滤波器变换到带通响应，如图 1.6.1 所示。如果用 ω_1，ω_2 表示通带的边缘，可以使用下列频率变换来得到带通响应

$$\omega \leftarrow \frac{\omega_0}{\omega_2-\omega_1}\left(\frac{\omega}{\omega_0}-\frac{\omega_0}{\omega}\right)=\frac{1}{W_q}\left(\frac{\omega}{\omega_0}-\frac{\omega_0}{\omega}\right) \tag{1.6.1}$$

$$W_q=\frac{\omega_2-\omega_1}{\omega_0} \tag{1.6.2}$$

式中，W_q 表示带通滤波器的相对带宽。$\omega_0=\sqrt{\omega_1\omega_2}$ 是带通滤波器的中心频率，ω_1，ω_2 表示带通的边缘，即下边带和上边带。由图 1.6.1 可知，低通原型 $\omega=0$ 的点，变换为带通的 $\omega=\omega_0$ 的点；低通原型 $\omega=\pm1$ 的点，变换为

58

带通的 ω_2、ω_1 的点。利用式(1.6.1)：

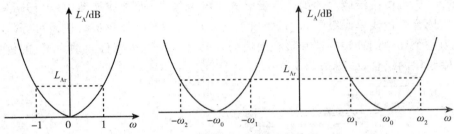

图 1.6.1 低通到带通的频率变换

当 $\omega = \omega_0$ 时，$\dfrac{1}{W_q}\left(\dfrac{\omega}{\omega_0} - \dfrac{\omega_0}{\omega}\right) = 0$；

当 $\omega = \omega_1$ 时，$\dfrac{1}{W_q}\left(\dfrac{\omega}{\omega_0} - \dfrac{\omega_0}{\omega}\right) = \left(\dfrac{\omega_1^2 - \omega_0^2}{W_q \omega_0 \omega_1}\right) = -1$

当 $\omega = \omega_2$ 时，$\dfrac{1}{W_q}\left(\dfrac{\omega}{\omega_0} - \dfrac{\omega_0}{\omega}\right) = \left(\dfrac{\omega_2^2 - \omega_0^2}{W_q \omega_0 \omega_2}\right) = 1$

（2）电感、电容值定标

假设 L_k、C_k 分别表示低通原型归一化电感、电容值，L_k'、C_k' 分别表示定标后带通滤波器的电感、电容值，利用频率变换 $\omega \leftarrow \dfrac{1}{W_q}\left(\dfrac{\omega}{\omega_0} - \dfrac{\omega_0}{\omega}\right)$，即

$$j\omega L_k = \dfrac{j}{W_q}\left(\dfrac{\omega}{\omega_0} - \dfrac{\omega_0}{\omega}\right) L_k = j\omega L_k' - j\dfrac{1}{\omega C_k'}$$

因此低通原型的串联电感 L_k 被变换为 L_k' 与 C_k' 的串联，L_k'、C_k' 的值由下式确定：

$$L_k' = \dfrac{L_k}{W_q \omega_0}, \quad C_k' = \dfrac{W_q}{\omega_0 L_k} \tag{1.6.3}$$

类似的有 $\qquad j\omega C_k = \dfrac{j}{W_q}\left(\dfrac{\omega}{\omega_0} - \dfrac{\omega_0}{\omega}\right) C_k = j\omega C_k' - j\dfrac{1}{\omega L_k'}$

低通原型的并联电容 C_k 被变换为 L_k' 与 C_k' 的并联，L_k'、C_k' 的值为

$$L_k' = \dfrac{W_q}{\omega_0 C_k}, \quad C_k' = \dfrac{C_k}{W_q \omega_0} \tag{1.6.4}$$

由上面分析可知，低通原型滤波器中的串联电感变换到串联谐振电路（谐振时低阻抗）；并联电容变换到并联谐振电路（谐振时高阻抗）。注意，串联和并联谐振电路都具有相同的谐振频率 ω_0。

2. 耦合微带线带通滤波器

微带中广泛应用的耦合微带线式带通滤波器,此种滤波器由双口开路式耦合微带线单元级联而成,如图1.6.2所示。该耦合微带线单元可等效为一个导纳倒置转换器和接在两边的两段电长度为θ,特性导纳为Y_0的传输线段的组合,如图1.6.3所示。

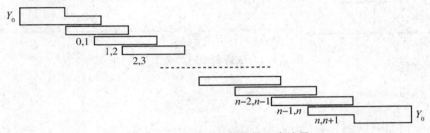

图1.6.2　平行耦合微带带通滤波器

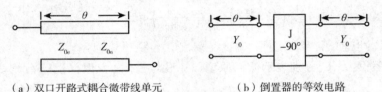

（a）双口开路式耦合微带线单元　　　（b）倒置器的等效电路

图1.6.3　耦合微带线单元及等效倒置器电路

图1.6.3(a)是双口开路式耦合微带线单元,其中Z_{0e}、Z_{0o}分别为耦合微带线的奇偶模阻抗,θ为耦合微带线的电长度。耦合微带线的两个端口开路,另外两个端口与外电路连接。根据微波技术理论,利用奇偶模激励法,将四端口的耦合微带线单元分解为二端口的单根微带线。通过叠加,再代入终端开路的条件,得到耦合微带线单元的Z参量,最后将Z参量转换为A参量,详细过程读者可参考微波技术书籍。图1.6.3(a)双口开路式耦合微带线单元的$\boldsymbol{A}$矩阵为

$$[\boldsymbol{A}]_a = \begin{bmatrix} \dfrac{Z_{0e}+Z_{0o}}{Z_{0e}-Z_{0o}}\cos\theta & -\mathrm{j}\,\dfrac{Z_{0e}-Z_{0o}}{2}\left[\dfrac{4Z_{0e}Z_{0o}}{(Z_{0e}-Z_{0o})^2}\cot\theta \cdot \cos\theta - \sin\theta\right] \\ \mathrm{j}\,\dfrac{2\sin\theta}{Z_{0e}-Z_{0o}} & \dfrac{Z_{0e}+Z_{0o}}{Z_{0e}-Z_{0o}}\cos\theta \end{bmatrix}$$

$$(1.6.5)$$

图1.6.3(b)倒置器的等效电路是三个网络级联而成,其中传输线段的$\boldsymbol{A}$矩阵为

60

$$[A]_1 = \begin{bmatrix} \cos\theta & \mathrm{j}\dfrac{\sin\theta}{Y_0} \\ \mathrm{j}Y_0\sin\theta & \cos\theta \end{bmatrix} \tag{1.6.6}$$

J 变换器可认为等效于一段相移为 $-90°$，且特性导纳为 J 的传输线，故其 A 矩阵为

$$[A]_2 = \begin{bmatrix} 0 & \dfrac{-\mathrm{j}}{J} \\ -\mathrm{j}J & 0 \end{bmatrix} \tag{1.6.7}$$

于是倒置器等效电路的 A 矩阵为

$$[A]_b = [A]_1[A]_2[A]_1$$
$$= \begin{bmatrix} \left(\dfrac{J}{Y_0}+\dfrac{Y_0}{J}\right)\sin\theta\cdot\cos\theta & \mathrm{j}\left(\dfrac{J}{Y_0^2}\sin^2\theta - \dfrac{1}{J}\cos^2\theta\right) \\ -\mathrm{j}J\cos^2\theta + \mathrm{j}\dfrac{Y_0^2}{J}\sin^2\theta & \left(\dfrac{J}{Y_0}+\dfrac{Y_0}{J}\right)\sin\theta\cdot\cos\theta \end{bmatrix}$$
$$\tag{1.6.8}$$

在中心频率附近，$\theta\approx90°$，并令 $[A]_a$ 与 $[A]_b$ 的对应元素相等，得

$$\frac{Z_{0e}+Z_{0o}}{Z_{0e}-Z_{0o}} = \left(\frac{J}{Y_0}+\frac{Y_0}{J}\right) \tag{1.6.9}$$
$$\frac{Z_{0e}-Z_{0o}}{2} = \frac{J}{Y_0^2}$$

式(1.6.9)联立求解，得

$$Z_{0e} = \frac{1}{Y_0}\left[1+\frac{J}{Y_0}+\left(\frac{J}{Y_0}\right)^2\right] \tag{1.6.10}$$
$$Z_{0o} = \frac{1}{Y_0}\left[1-\frac{J}{Y_0}+\left(\frac{J}{Y_0}\right)^2\right]$$

该式就是图 1.6.3(a) 与图 1.6.3(b) 的等效关系。图 1.6.2 所示的平行耦合微带带通滤波器是由多节耦合微带线段级联而成，对应于第 $k,k+1$ 节耦合线段($0\leqslant k\leqslant n$)，其奇偶模阻抗的计算公式为

$$(Z_{0e})_{k,k+1} = \frac{1}{Y_0}\left[1+\frac{J_{k,k+1}}{Y_0}+\left(\frac{J_{k,k+1}}{Y_0}\right)^2\right] \tag{1.6.11}$$
$$(Z_{0o})_{k,k+1} = \frac{1}{Y_0}\left[1-\frac{J_{k,k+1}}{Y_0}+\left(\frac{J_{k,k+1}}{Y_0}\right)^2\right]$$

由于篇幅所限，这里省略了导纳倒置变换器 $J_{k,k+1}$ 的推导过程，只给出最终的结果为

$$J_{0,1} = Y_0 \sqrt{\frac{\pi W_q}{2g_0 g_1}} \tag{1.6.12}$$

$$J_{k,k+1} = \frac{\pi W_q Y_0}{2} \sqrt{\frac{1}{g_k g_{k+1}}} \qquad k = 1 \sim (n-1) \tag{1.6.13}$$

$$J_{n,n+1} = Y_0 \sqrt{\frac{\pi W_q}{2g_n g_{n+1}}} \tag{1.6.14}$$

式中,W_q 为相对带宽,$g_1, g_2, g_3, \cdots, g_n$ 为低通原型滤波器的归一化元件值,g_0 和 g_{n+1} 分别为信号源内电导和负载电导,$g_1, g_2, g_3, \cdots, g_n, g_{n+1}$ 通过查表得到。

三、实验内容

设计一个等波纹带通滤波器,要求用集总元件和微带线两种形式实现。已知条件:

(1)中心频率 $f_0 = 6000$ MHz,相对带宽 $W_q = 10\%$;带内波纹 0.2 dB 带外衰减在 $f_s = 6\,600$ MHz 不小于 30 dB。

(2)微带板参数:相对介电常数 $\varepsilon_r = 9.6$,介质厚度 $H = 1$ mm。微带线特性阻抗:$Z_0 = 50\,\Omega$。

四、实验步骤

1. 传统设计

(1)根据带通滤波器给定的频率指标,利用式(1.6.1)计算低通原型的归一化频率;$\frac{\omega_s}{\omega_c} = \frac{1}{W_q}\left(\frac{\omega_s}{\omega_0} - \frac{\omega_0}{\omega_s}\right)$,$\omega_s = 2\pi f_s$ 为带外截止角频率,查阅附录 4,确定低通原型滤波器的最少阶数 n。然后查附录 2 确定归一化元件值 g_1,$g_2, g_3, \cdots, g_{n+1}$。

(2)根据式(1.6.12)~式(1.6.14)计算各导纳倒置器的参量 $J_{k,k+1}$ 值。

(3)计算各节耦合微带线奇耦模阻抗,由式(1.6.11)算出各节的 Z_{0e}、Z_{0o},由各节 Z_{0e}、Z_{0o} 及介质基片的 ε_r、H,查阅附录 5,确定微带线的宽度 w、缝隙 s。将宽度 w、缝隙 s、ε_r、H、中心频率 f_0,输入 TXLINE\Coupled MSLine 窗口,选择奇模(Odd Mode)或偶模(Even Mode),单击向左箭头,可显示 Effective Diel Const 奇偶模等效介电常数 ε_{0e}、ε_{0o},如图 1.6.4 所示。根据 ε_{0e}、ε_{0o} 可计算出奇偶模波长 λ_{0e}、λ_{0o},即 $\frac{\lambda_{0e}}{\sqrt{\varepsilon_{0e}}} = \frac{\lambda_0}{\sqrt{\varepsilon_{0e}}} = \frac{c}{f_0 \sqrt{\varepsilon_{0e}}}$,

$$\lambda_{0\text{o}} = \frac{\lambda_0}{\sqrt{\varepsilon_{0\text{o}}}} = \frac{c}{f_0 \sqrt{\varepsilon_{0\text{o}}}}。$$

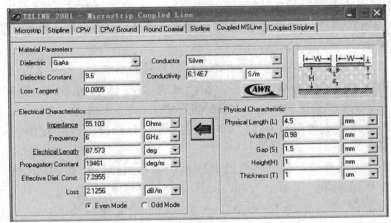

图 1.6.4 耦合微带线的 TXLINE 窗口

（4）计算各耦合线段的长度，耦合线段的等效波长为奇偶模波长 $\lambda_{0\text{e}}$、$\lambda_{0\text{o}}$ 的平均值，$\lambda_\text{e} = (\lambda_{0\text{e}} + \lambda_{0\text{o}})/2$，因此对应 $\theta = 90°$ 电长度的耦合线段长度为

$$l = \frac{1}{4}\left(\frac{\lambda_{0\text{e}} + \lambda_{0\text{o}}}{2}\right) \tag{1.6.15}$$

（5）对各耦合线段长度 l 进行修正，以补偿开路端边缘电容的影响，一般缩短 $\Delta l = 0.3H$。

（6）建立一个新项目，确定项目频率范围为 5～7GHz。

（7）画原理图，放置元件，在元件浏览器里找到耦合微带线，选择用于滤波器的 MCFIL 模型，拖放到原理图中；按计算好的结果定义各参数。连接各元件端口，注意考虑阻抗跳变点处的模型。添加端口（50Ω），完成原理图。

（8）添加图和测量，打开测量窗口对话框，选择端口参数 S_{21} 和 S_{11}，单位 dB，选择扫频和幅度。单击工具栏的"分析"按钮，观察滤波器在带内、带外的衰减（$|S_{21}|$）是否满足设计要求。

（9）定义优化变量。选择各耦合线段的长度 l、宽度 w、缝隙 s 作为优化变量，因为结构对称，只需选择 3 段耦合微带线的参数。

（10）添加优化目标。在 Proj/Optimizer Goals 下，右击添加优化目标，出现一个新的优化目标，如图 1.6.5 所示，选择要优化的对象（如 $|S_{21}|$）。

添加滤波器通带内$|S_{21}|$的目标值,如图1.6.5(a)所示。选择目标值(Goal)为-0.2dB,目标类型为测量值大于目标值(-0.2dB),频率范围为5.7~6.3GHz(通带内10%的相对带宽),权重因子(WEIGHT)选1.0,幂次L选择默认值2,意味着最小均方误差。单击"OK"按钮,优化目标就出现在图中(-0.2dB的一条直线)。

添加滤波器带外截止频率的低频端$|S_{21}|$的目标值,如图1.6.5(b)所示。选择目标值(Goal)为-30dB,目标类型为测量值小于目标值(-30dB),频率范围为5~5.4GHz(假设项目最低频率为5GHz,5.4GHz为带外低频截止频率)。单击"OK"按钮,优化目标就出现在图中(-30dB的一条直线)。

添加滤波器带外截止频率的高频端$|S_{21}|$的目标值,如图1.6.5(c)所示。选择目标值(Goal)为-30dB,目标类型为测量值小于目标值(-30dB),频率范围为6.6~7GHz(假设项目最高频率为7GHz,6.6GHz为带外高频截止频率),单击"OK"按钮,优化目标就出现在图中(-30dB的一条直线)。

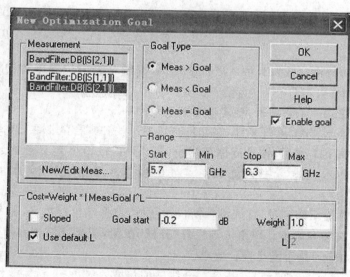

(a)

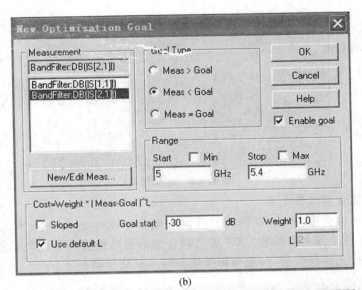

(b)

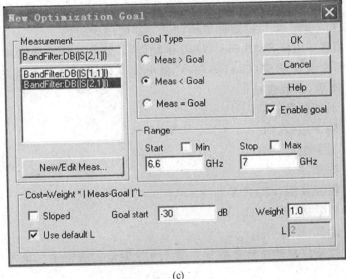

(c)

图 1.6.5　添加 $|S_{21}|$ 的优化目标

(11)执行优化程序,从下拉菜单中选择 Simulate/Optimize,出现一个优化窗口,输入最大迭代次数(5000),单击开始优化,如图 1.6.6 所示。打开项目测量图 $|S_{21}|$,可以实时看到优化过程中 $|S_{21}|$ 的变化。

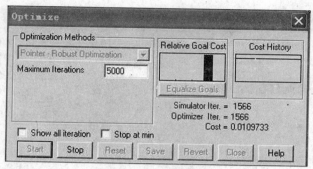

图 1.6.6　优化过程

2.滤波器综合向导

启动软件中 Wizards 的滤波器综合向导(Filter Synthesis Wizards)功能,输入滤波器各项参数,即可画出耦合微带线带通滤波器的初始原理图,然后优化元件参数值,仿真分析性能指标。具体步骤如下:

(1)计算低通原型的归一化频率: $\dfrac{\omega_s}{\omega_c} = \dfrac{1}{W_q} \left(\dfrac{\omega_s}{\omega_0} - \dfrac{\omega_0}{\omega_s} \right)$, $\omega_s = 2\pi f_s$ 为带外截止角频率,查附录 4,确定低通原型滤波器的最少阶数。

(2)启动 Filter Synthesis Wizards 功能后,依次选择带通滤波器(Bandpass)、切比雪夫响应(Chebyshev)、弹出定义带通滤波器参数的窗口,如图 1.6.7所示,参数包括:

滤波器的阶数:N

通带的下边带:FL

通带的上边带:FH

通带波纹:PP

通带内波纹值(dB):PV

信号源阻抗:RS

负载阻抗:RL

将带通滤波器的指标参数输入图 1.6.7 对应的表格中。单击"下一步"按钮。

(3)选择带通滤波器的实现方式,勾选平行耦合半波长谐振器,如图 1.6.8所示。单击"下一步"按钮,依次选择特性阻抗为 50Ω,传输线结构为微带线(Microstrip)。单击"下一步"按钮。

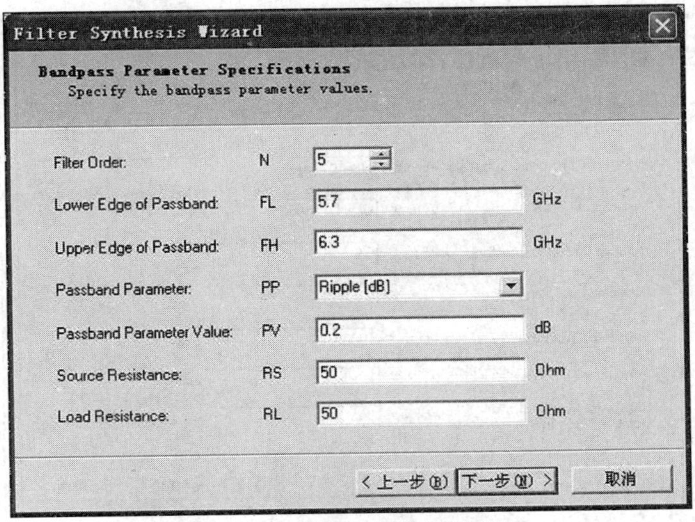

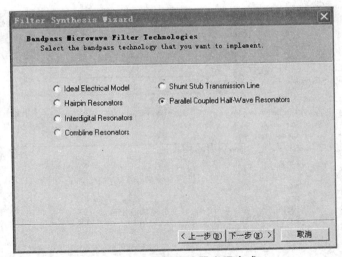

图 1.6.7　带通滤波器参数定义

图 1.6.8　带通滤波器实现方式

(4)定义微带线基片材料参数,输入微带基片材料参数,如图 1.6.9 所示。单击"下一步"按钮。

(5)命名带通滤波器原理图并添加测量图形,如图 1.6.10 所示。勾选测量选项,如 S_{11}、S_{21},优化选项。

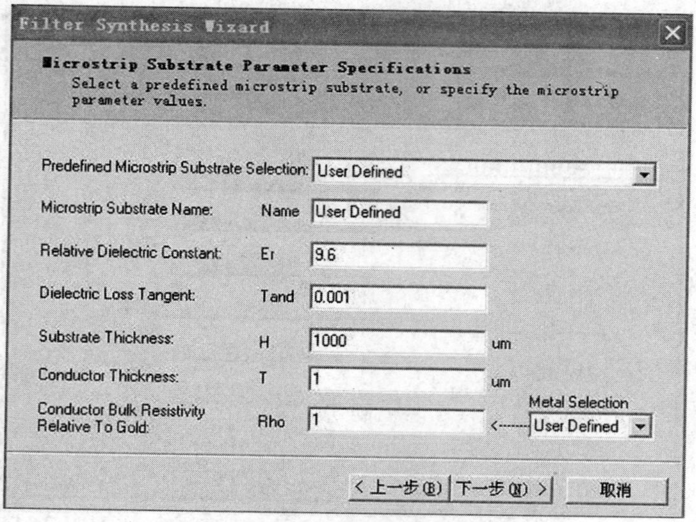

图 1.6.9　微带线基片材料参数定义

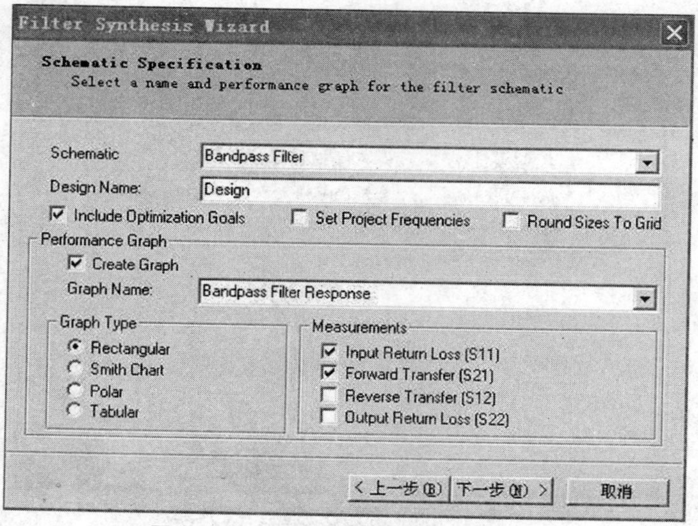

图 1.6.10　命名原理图和添加测量图

　　(6)完成带通滤波器综合向导,如图 1.6.11 所示。单击"完成"按钮,即可生成微带线带通滤波器原理图(Bandpass Filter)、测量直方图(Bandpass Filter Responre)、测量项 S_{11} 和 S_{21} 以及优化目标。

68

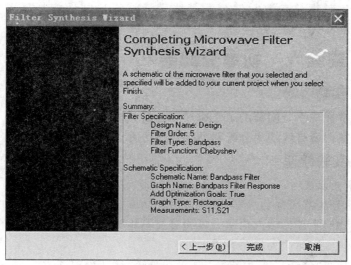

图1.6.11 完成带通滤波器综合向导

(7)单击"分析"按钮,观察带通滤波器的$|S_{11}|$、$|S_{21}|$是否满足设计要求。调谐各耦合线段的长度l,使$|S_{11}|$、$|S_{21}|$曲线的中心频率位于6GHz。

(8)类似于上述步骤,添加滤波器带外截止频率$|S_{21}|$的目标值,如图1.6.5(b)、(c)所示。从下拉菜单中选择Simulate/Optimize,执行优化程序,完成设计。

(9)利用滤波器综合向导设计集总参数元件带通滤波器。确定带通滤波器的阶数和参数,同上述步骤(1)和步骤(2)。选择带通滤波器的实现方式,与微带线不同,在图1.6.8中选择理想的电路模型(Ideal Electrical Model)。依次选择集总元件,串联或并联元件优先电路形式等,完成设计。仿真分析性能指标,调谐、优化电路。

五、实验报告

(1)按照实验报告常规要求书写有关项目。

(2)写出各段耦合微带线的奇耦模阻抗。

(3)画出电路原理图,标明各段耦合微带线的长度、宽度、缝隙。

(4)画出带通滤波器带内、带外的衰减曲线($|S_{21}|$),比较优化前后带内、带外衰减曲线($|S_{21}|$)的变化。

(5)比较用传统方法和滤波器综合向导设计滤波器的优缺点。

（6）比较集总参数元件与微带线带通滤波器的性能指标差别，分析原因。

1.7 实验六 功率分配器

一、实验目的

（1）掌握功率分配器的工作原理和分析方法。
（2）掌握微带线功率分配器的设计与仿真。

二、实验原理

功率分配器

功率分配器简称功分器，广泛应用于功率监视系统、测量系统以及射频微波电路中，它是将输入功率分成相等或不相等的几路功率，当然也可以将几路功率合成，而成为功率合成器件。

常用的功分器有 T 型接头、电阻功分器、微带线功分器。由于微带线功分器具有损耗小、端口匹配、输出隔离性好等特点，得到了广泛的应用。本实验主要研究两路微带线功分器，图 1.7.1 为两路微带线功分器。

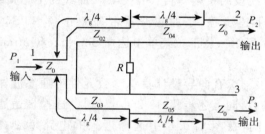

图 1.7.1 两路微带线功分器

对功分器的要求是：两输出端口的功率按一定比例分配，并且两端口之间互相隔离。当两个输出端口接匹配负载时，输入端口无反射。功分器的技术指标为：功分比、插入损耗和隔离度。

如图 1.7.1 所示，当 1 端口输入功率 P_1 时，2 端口和 3 端口的输出功率分别为 P_2 和 P_3，如果功分比为 k^2，则 $P_3=k^2P_2$（或 $P_2=k^2P_3$）；当 1 端口接匹配负载时，2 端口到 3 端口（或 3 端口到 2 端口）的传输系数表示功分器的隔离度；当 3 端口（或 2 端口）接匹配负载时，1 端口到 2 端口（或 3 端口）的传输系数为功分器的插入损耗。

为了便于分析，如图 1.7.2 画出了两路微带线功分器的等效电路。功率从 1 端口输入,分成两路,经过一段四分之一波长的微带线传输后,到达 2 端口和 3 端口。1 端口的特性阻抗为 Z_0,1 到 2 端口、1 到 3 端口的微带线的特性阻抗分别为 Z_{02}、Z_{03},线长为 $\lambda_g/4$。R_2、R_3 分别为从 2 端口、3 端口向负载看过去的阻抗。R 为 2 端口、3 端口之间的隔离电阻。

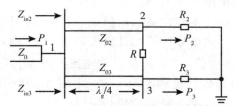

图 1.7.2 两路微带线功分器等效电路

下面确定 Z_{02}、Z_{03}、R_2、R_3 的计算式。

如图 1.7.2 所示,1 端口的输入功率为 P_1,2 端口、3 端口的输出功率分别为 P_2、P_3,对应的电压为 V_2、V_3。根据对功分器的要求,则有 $P_3 = k^2 P_2$:

$$|V_3|^2/R_3 = k^2 |V_2|^2/R_2 \qquad (1.7.1)$$

为了使在正常工作时,隔离电阻 R 上不流过电流,则

$$V_3 = V_2$$

于是得

$$R_2 = k^2 R_3$$

若取

$$R_2 = k Z_0 \qquad (1.7.2)$$

则

$$R_3 = Z_0/k \qquad (1.7.3)$$

因为两路微带线长为 $\lambda_g/4$,故在 1 端口处的输入阻抗为

$$Z_{in2} = Z_{02}^2/R_2 \qquad (1.7.4)$$

$$Z_{in3} = Z_{03}^2/R_3 \qquad (1.7.5)$$

为使 1 端口无反射,两路微带线在 1 端口的总输入阻抗应等于 1 端口的特性阻抗 Z_0,即

$$Y_0 = 1/Z_0 = R_2/Z_{02}^2 + R_3/Z_{03}^2 \qquad (1.7.6)$$

若电路无损耗,则

$$|V_1|^2/Z_{in3} = k^2 |V_1|^2/Z_{in2} \qquad (1.7.7)$$

式中,V_1 为 1 端口处的电压。

所以 $\qquad Z_{02} = k^2 Z_{03}$

$$Z_{03} = Z_0 \big[(1 + k^2) / k^3 \big]^{0.5} \qquad (1.7.8)$$

$$Z_{02} = Z_0 \big[(1 + k^2) k \big]^{0.5} \qquad (1.7.9)$$

下面确定隔离电阻 R 的计算式。

跨接在 2 端口和 3 端口之间的电阻 R，是为了得到 2 端口与 3 端口之间互相隔离的作用。当信号从 1 端口输入，2 端口、3 端口接负载电阻 R_2、R_3 时，2、3 两端口等电位，故电阻 R 没有电流流过，相当于 R 不起作用；而当 2 端口或 3 端口的外接负载不等于 R_2 或 R_3 时，负载有反射，这时为使 2、3 两端口彼此隔离，R 必有确定的值，经计算：

$$R = Z_0 (1 + k^2) / k \qquad (1.7.10)$$

如图 1.7.1 所示，微带线功分器输出端的特性阻抗与输入端相同，因此 2 端口、3 端口的特性阻抗都是 Z_0。为了匹配需要，在 2 端口 Z_0 与 R_2 之间加一段特性阻抗为 Z_{04}，电长度为 $\lambda_g / 4$ 的阻抗变换段，在 3 端口 Z_0 与 R_3 之间加一段特性阻抗为 Z_{05}，电长度为 $\lambda_g / 4$ 的阻抗变换段。Z_{04}、Z_{05} 分别为

$$Z_{04} = (R_2 Z_0)^{0.5} \qquad (1.7.11)$$

$$Z_{05} = (R_3 Z_0)^{0.5} \qquad (1.7.12)$$

图 1.7.1 中两路微带线之间的距离不宜过大，一般取 2～4 带条宽度（对应特性阻抗 Z_{04}、Z_{05} 较宽的微带线宽度）。这样可使跨接在两微带线之间的电阻 R 的寄生效应尽量减小。

三、实验内容

设计仿真一个两路微带线功分器，如图 1.7.1 所示。已知：端口特性阻抗：$Z_0 = 50\Omega$，功分比：$k^2 = 1.5$，介质基片为：$\varepsilon_r = 4.6$，$H = 1$mm。

指标如下：

当中心频率 2GHz，相对带宽为 20％ 时，(1) 两输出端口的功分比 $\left(\left| \dfrac{S_{31}}{S_{21}} \right|^2 \right)$ 为 1.495～1.505；(2) 两输出端口的隔离度（$20\lg |S_{32}|$）不小于 25dB。

四、实验步骤

(1) 根据已知条件利用上述公式计算 R_2、R_3、Z_{02}、Z_{03}、R、Z_{04}、Z_{05} 的值。

(2) 利用 TXLINE 计算相应微带线的长度及宽度。建立一个新项目，

选择单位和项目频率 $1.8 \sim 2.2 \mathrm{GHz}$。

（3）输入原理图，根据微带线的不均匀性，选择适当模型，如微带线 T 型接头、折弯、宽度变换器等。本实验中只有隔离电阻 R 为集总元件，其余元件全部为微带线形式。注意：用两段微带线与电阻 R 的两端相连接，微带线的特性阻抗与 R 一致，即其宽度由 R 确定，长度可以调整。

（4）添加测量，测量类型选择 Port Parameters，名称 S，扫频 Sweep Proj. Freqs，选择幅度 Mag，测量输入端口到两个输出端口的传输系数（$|S_{31}|$，$|S_{21}|$）以及隔离度 $|S_{32}|$。

（5）仿真分析，观察端口 S 参数是否满足设计要求。

（6）调谐电路元件参数，选择调谐变量，调整变量的数值，在图上观察功分比和隔离度的变化，选择最佳值。提示：可以调谐与隔离电阻 R 连接的两段微带线长度，调谐时注意电阻的长度 R 加两段微带线的总长度与 Z_{02}、Z_{03} 两路微带线之间的垂直距离相同。

（7）当功分比 $k^2 = 1$ 时，上述功分器变为等分功分器，它将输入功率分成相等的两路，两个输出端口的功率（$|S_{31}|$ 和 $|S_{21}|$）理论上相等，重新设计上述实验。

五、实验报告

（1）按照实验报告常规要求书写有关项目。

（2）画出电路图，解释各元件的含义，标明其参数值。

（3）比较调谐前后的性能指标变化，如 $|S_{31}|$、$|S_{21}|$、$|S_{32}|$ 幅度的变化，分析哪些元件的参数对性能指标的影响较大。

（4）画出功分比 $k^2 = 1$ 时的电路图，比较功分比 $k^2 = 1$ 和 $k^2 = 1.5$ 时，微带功分器的电路结构、元件参数值以及性能指标的差别。

1.8　实验七　分支线定向耦合器

一、实验目的

（1）掌握分支线定向耦合器的工作原理和分析方法。

（2）掌握分支线定向耦合器的设计与仿真。

二、实验原理

定向耦合器是一种有方向性的耦合功率器件，在一些电桥电路及平衡混频器等器件中，常用到微带分支线定向耦合器。微带二分支 3dB 定向耦合器如图 1.8.1 所示,图中的 Z_0、Z_H、Z_G 分别为各线段特性阻抗,因各端口的阻抗值相同(Z_0),所以又称为等阻二分支定向耦合器。

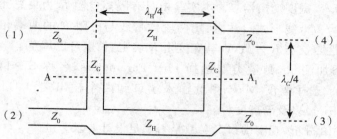

图 1.8.1 3dB 分支线定向耦合器

当功率由(1)臂输入时,(3)、(4)两臂有输出;理想情况下,(2)臂无功率输出,故(2)臂是隔离臂,(3)、(4)两臂的输出可按一定的比例分配,若(3)、(4)两臂的输出功率相同,都等于输入功率的一半,则成为 3dB 定向耦合器或 3dB 分支电桥。因为上图中的(1)和(2)、(3)和(4)端口关于中心轴 A-A_1 对称,所以(3)、(4)两臂的输出功率相同,等于输入功率的一半,所以属于 3dB 分支线定向耦合器。

1. 奇偶模分析法

首先以归一化形式画出 3dB 分支线耦合器的电路示意图 1.8.2,图中的每条线都表示传输线,并标出了归一化特性阻抗(对于阻抗 Z_0 归一化,每条传输线公用的接地线没有标出),其中 $H = Z_H/Z_0$,$G = Z_G/Z_0$。假定单位幅度($V=1$)的波自端口 1 入射,这样图中所示的电路可以分解为奇模激励和偶模激励的叠加。对于偶模激励,(1)端口和(2)端口输入同幅同相的一组电压,即 $V_1^+ = +1/2, V_2^+ = +1/2$,如图 1.8.3(a)所示;对于奇模激励,(1)端口和(2)端口输入同幅反相的一组电压,即 $V_1^+ = +1/2, V_2^+ = -1/2$,如图 1.8.3(b)所示。两组激励相加即是原有的激励。

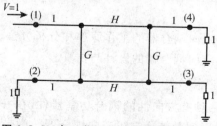

图 1.8.2 归一化形式分支线耦合器电路

74

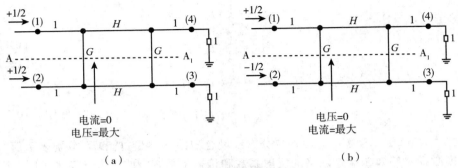

图 1.8.3 分支线耦合器奇模和偶模激励

由于激励的对称性,四端口网络可以分解为一组两个去耦合的二端口网络,将上述电路在中心线 A-A₁ 处切开,此时可将两条线(1)—(4)及(2)—(3)从 A—A₁ 面分开来考虑,这样将四端口网络转换为二端口网络。偶模馈电时,(1)—(4)及(2)—(3)线等效为一段特性阻抗为 H,电长度为 $\lambda_H/4$ 的传输线,其两边分别并联一段特性阻抗为 G,电长度为 $\lambda_G/8$ 的开路线(由于(1)、(2)两端口电压相同,没有电流流过 A—A₁ 面),如图 1.8.4(a)所示,图中的 Γ_e 和 T_e 分别表示偶模激励时的反射系数和传输系数;奇模馈电时,(1)—(4)及(2)—(3)线等效为一段特性阻抗为 H,电长度为 $\lambda_H/4$ 的传输线,其两边分别并联一段特性阻抗为 G,电长度为 $\lambda_G/8$ 的短路线(在 A—A₁ 面的电压为 0),如图 1.8.4(b)所示,Γ_o 和 T_o 分别表示奇模激励时的反射系数和传输系数。

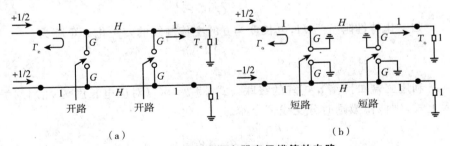

图 1.8.4 分支线耦合器奇偶模等效电路

由于电路是线性的,图 1.8.2 所示的实际响应可由奇、偶模激励响应的叠加而得到,根据图 1.8.4 的等效电路,端口的参量关系为

$$S_{11} = \frac{1}{2}(\Gamma_e + \Gamma_o) \qquad (1.8.1a)$$

$$S_{21} = \frac{1}{2}(\Gamma_e - \Gamma_o) \qquad (1.8.1b)$$

$$S_{31} = \frac{1}{2}(T_e - T_o) \qquad (1.8.1c)$$

$$S_{41} = \frac{1}{2}(T_e + T_o) \qquad (1.8.1d)$$

式中，S_{11}、S_{21}、S_{31}、S_{41}为四端口分支线耦合器的S参量，Γ_e和T_e分别表示偶模激励时等效二端口网络的反射系数和传输系数，Γ_o和T_o为奇模激励时二端口网络的反射系数和传输系数。

对于偶模激励，图1.8.4(a)所示的等效电路，由三个网络级联组成，即归一化特性阻抗为H的主传输线，左右两侧分别并联一段归一化特性阻抗为G、长为$\lambda_G/8$的开路分支线。

在中心频率处，左右两侧开路分支线的归一化a矩阵分别为$[a_1]_e$、$[a_3]_e$，则

$$[a_1]_e = \begin{bmatrix} \sqrt{H} & 0 \\ j\dfrac{\sqrt{H}}{G} & \dfrac{1}{\sqrt{H}} \end{bmatrix} \qquad (1.8.2a)$$

$$[a_3]_e = \begin{bmatrix} \dfrac{1}{\sqrt{H}} & 0 \\ j\dfrac{\sqrt{H}}{G} & \sqrt{H} \end{bmatrix} \qquad (1.8.2b)$$

归一化特性阻抗为H，电长度为θ的主传输线的归一化a矩阵为：

$$[\boldsymbol{a_2}] = \begin{bmatrix} \cos\theta & j\sin\theta \\ j\sin\theta & \cos\theta \end{bmatrix} \qquad (1.8.3)$$

利用二端口网络a矩阵的级联公式，将$\theta=90°$（对应电长度为$\lambda_H/4$）代入上式，则偶模激励时分支线耦合器的归一化a矩阵为

$$\begin{bmatrix} a & b \\ c & d \end{bmatrix}_e = [a_1]_e[a_2][a_3]_e$$

$$= \begin{bmatrix} -\dfrac{H}{G} & jH \\ j\left(\dfrac{1}{H} - \dfrac{H}{G^2}\right) & -\dfrac{H}{G} \end{bmatrix} \qquad (1.8.4)$$

76

得到 $[a]_e$ 的各元素后,可以通过 $[a]$ 与 $[S]$ 的关系求出 Γ_e 和 T_e,即:

$$\Gamma_e = \frac{a+b-c-d}{a+b+c+d}$$

$$= \frac{\mathrm{j}\left(1-\dfrac{1}{H^2}+\dfrac{1}{G^2}\right)}{-\dfrac{2}{G}+\mathrm{j}\left(1+\dfrac{1}{H^2}-\dfrac{1}{G^2}\right)} \tag{1.8.5a}$$

$$T_e = \frac{2}{a+b+c+d} \tag{1.8.5b}$$

$$= \frac{2}{-\dfrac{2H}{G}+\mathrm{j}\left(H+\dfrac{1}{H}-\dfrac{H}{G^2}\right)}$$

对于奇模激励,在中心频率处,用 $\lambda_G/8$ 的短路分支线代替偶模激励时的开路分支线,相应的 $[a_1]_o$、$[a_3]_o$ 分别为

$$[a_1]_o = \begin{bmatrix} \sqrt{H} & 0 \\ -\mathrm{j}\,\dfrac{\sqrt{H}}{G} & \dfrac{1}{\sqrt{H}} \end{bmatrix} \tag{1.8.6a}$$

$$[a_3]_o = \begin{bmatrix} \dfrac{1}{\sqrt{H}} & 0 \\ -\mathrm{j}\,\dfrac{\sqrt{H}}{G} & \sqrt{H} \end{bmatrix} \tag{1.8.6b}$$

因此,奇模激励时分支线耦合器的归一化 a 矩阵为

$$\begin{bmatrix} a & b \\ c & d \end{bmatrix}_o = [a_1]_o [a_2] [a_3]_o$$

$$= \begin{bmatrix} \dfrac{H}{G} & \mathrm{j}H \\ \mathrm{j}\left(\dfrac{1}{H}-\dfrac{H}{G^2}\right) & \dfrac{H}{G} \end{bmatrix} \tag{1.8.7}$$

同理,奇模激励时的反射系数和传输系数分别为

$$\Gamma_o = \frac{\mathrm{j}\left(1-\dfrac{1}{H^2}+\dfrac{1}{G^2}\right)}{\dfrac{2}{G}+\mathrm{j}\left(1+\dfrac{1}{H^2}-\dfrac{1}{G^2}\right)} \tag{1.8.8a}$$

$$T_o = \frac{2}{\dfrac{2H}{G}+\mathrm{j}\left(H+\dfrac{1}{H}-\dfrac{H}{G^2}\right)} \tag{1.8.8b}$$

2.理想条件的 S 参数

图 1.8.1 所示分支线耦合器,当满足理想匹配和理想隔离条件时,端口参量关系为:(1)端口匹配无反射,(2)端口隔离,并且当功率由(1)端口输入时,(3)、(4)两端口的输出功率相同,即:

$$S_{11} = \frac{1}{2}(\varGamma_e + \varGamma_o) = 0 \qquad (1.8.9a)$$

$$S_{21} = \frac{1}{2}(\varGamma_e - \varGamma_o) = 0 \qquad (1.8.9b)$$

$$\left| \frac{S_{41}}{S_{31}} \right| = \left| \frac{\frac{1}{2}(T_e + T_o)}{\frac{1}{2}(T_e - T_o)} \right| = 1 \qquad (1.8.9c)$$

将式(1.8.5)、式(1.8.8)代入式(1.8.9)得到:

$$\frac{1}{H^2} - \frac{1}{G^2} = 1 \qquad (1.8.10a)$$

$$G = 1 \qquad (1.8.10b)$$

$$H = \frac{1}{\sqrt{2}} \qquad (1.8.10c)$$

将 G、H 的值代入式(1.8.5b)、式(1.8.8b)求出 T_e 和 T_o,代入式(1.8.1c)、式(1.8.1d)得到 S_{31}、S_{41}:

$$S_{31} = -\frac{1}{\sqrt{2}}, S_{41} = -\frac{j}{\sqrt{2}}$$

由上式可知,当信号从(1)端口输入时,(3)、(4)端口输出电压的幅度相同,相位相差 90°,(3)端口的相位滞后(4) 端口 90°。

分支线定向耦合器的耦合度 C 定义为

$$C = -20\lg |S_{31}| \qquad (1.8.11)$$

改变图 1.8.1 所示的信号激励端口,例如当功率从(2)、(3)、(4)端口输入时,利用对称性,同理可以得到分支线耦合器其余的 S 参数。理想情况下 3 dB 分支线定向耦合器的 S 矩阵为

$$S = \frac{1}{\sqrt{2}} \begin{bmatrix} 0 & 0 & -1 & -j \\ 0 & 0 & -j & -1 \\ -1 & -j & 0 & 0 \\ -j & -1 & 0 & 0 \end{bmatrix} \qquad (1.8.12)$$

三、实验内容

设计一个 3dB 微带分支线定向耦合器

已知条件：

微带线介质基片厚度为 1 mm,相对介电常数 $\varepsilon_r=9.6$;输入输出端口的特性阻抗为 50Ω。

指标如下：

当中心频率 $f_0=3\text{GHz}$,相对带宽为 10% 时(频率范围 2.85~3.15GHz):

(1)耦合度 C 为 2.9~3.1 dB($20\lg|S_{31}|$);

(2)输入端驻波比小于 1.25($\rho=\dfrac{1+|S_{11}|}{1-|S_{11}|}<1.25$);

(3)隔离度大于 20 dB($|20\lg|S_{21}||>20\text{dB}$);

(4)两臂的不平衡度小于 0.2 dB($-0.2\text{dB}<20\lg\left|\dfrac{S_{31}}{S_{41}}\right|<0.2\text{dB}$)。

四、实验步骤

(1)根据所给的已知条件,计算分支线定向耦合器各段微带线的宽度和长度。

(2)建立新项目,设置项目频率、单位等,画出电路原理图,要考虑微带线的不均匀性,如微带线 T 型接头、宽度变换器等,选择适当的模型。

(3)添加直方图,测量耦合度 $|S_{31}|$、$|S_{41}|$、隔离度 $|S_{21}|$、输入端口驻波比,执行仿真程序,分析分支线定向耦合器的各项性能指标。

(4)调谐或优化各段微带线长度,必要时可以微调宽度,以满足指标要求。调谐或优化时要保证耦合器的上臂和下臂一致性,左臂和右臂一致性,即上下臂的宽度和长度相同,左右臂的宽度和长度相同。

(5)另添加一张直方图,测量端口 S 参数(S_{31} 和 S_{41})的相位,仿真分析分支线定向耦合器两个输出端口电压的相位。

(6)在理想情况下,如果不考虑微带线 T 型接头的影响,画出理想的 3dB 微带分支线定向耦合器的电路图。重复上述步骤 3~4,仿真分析其性能指标。

五、实验报告

(1)按照实验报告常规要求书写有关项目。

(2)画出微带分支线定向耦合器的原理图,说明元件的含义及参数值。

（3）比较调谐元件参数前后各项指标的差别，说明调谐时保证上臂和下臂、左臂和右臂元件参数一致性的方法。

（4）比较理想和实际两种情况下（微带线 T 型接头的影响），定向耦合器性能指标的差别，如耦合度、隔离度、输入驻波比等参数，以及微带线的长度和宽度的变化，分析原因。

（5）当频率为 2.85 或 3.15GHz 时，结合仿真结果，分析端口 S 参数的变化趋势，如 S_{21}、S_{31}、S_{41} 的幅度变化，以及 S_{31} 和 S_{41} 的相位变化，说明原因。提示：利用 $G=1$，$H=\dfrac{1}{\sqrt{2}}$，推出奇偶模激励时的 a 矩阵、S 矩阵与 θ（或频率 f）的关系表达式（注意偏离中心频率时 $\theta\neq90°$）。

1.9 实验八 低噪声放大器

一、实验目的

（1）掌握射频微波放大器的工作原理和设计方法。
（2）掌握射频微波低噪声放大器的设计与仿真。

二、实验原理

1. 射频微波放大器

一个射频微波放大器可分为三大部分：晶体管或场效应管、输入匹配网络及输出匹配网络，如图 1.9.1 所示。晶体管或场效应管一般采用射频微波集成芯片 MMIC 或 RFIC。而输入输出匹配网络大多采用无源电路，如电容、电感或传输线构成的匹配电路。一般放大器电路，根据输入信号功率不同，放大器分为小信号低噪声放大器及功率放大器。掌握小信号低噪声放大器的设计方法是设计射频微波放大器的基础，因此本单元仅就小信号放大器来说明射频微波放大器之基本理论及设计方法。

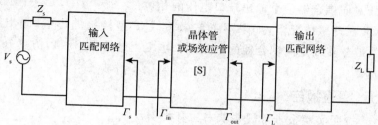

图 1.9.1 单级射频微波放大器

如图 1.9.1 所示的电路,信号源内阻和负载阻抗分别为 Z_S 和 Z_L,其中匹配网络用在晶体管或场效应管两侧,Γ_{in}、Γ_{out} 分别为晶体管或场效应管的输入端、输出端的反射系数,Γ_S 为在晶体管或场效应管的输入端向信号源方向看过去的反射系数,Γ_L 为在其输出端向负载方向看过去的反射系数,$[S]$ 为晶体管或场效应管的 S 参数矩阵。

转换功率增益是放大器的主要技术指标之一,转换功率增益 G_T 定义为负载吸收的功率 P_L 与信号源输出的资用功率 P_{avs} 之比,其中信号源输出的资用功率是当输入阻抗与信号源阻抗共轭匹配时(即 $\Gamma_{in} = \Gamma_S^*$),放大器的入射功率。根据微波理论:

$$\Gamma_{in} = S_{11} + \frac{S_{21}S_{12}\Gamma_L}{1 - S_{22}\Gamma_L} \qquad (1.9.1a)$$

$$\Gamma_{out} = S_{22} + \frac{S_{21}S_{12}\Gamma_S}{1 - S_{11}\Gamma_S} \qquad (1.9.1b)$$

$$G_T = \frac{(1-|\Gamma_S|^2) \cdot |S_{21}|^2 \cdot (1-|\Gamma_L|^2)}{|(1-S_{11}\Gamma_S)(1-S_{22}\Gamma_L) - S_{12}S_{21}\Gamma_S\Gamma_L|^2} \qquad (1.9.2)$$

2. 单向化放大器设计

就晶体管或场效应管的 S 参数设计而言,则可有单向化设计及双共轭匹配设计两种。所谓单向化设计即是忽略有源器件 S 参数中的 S_{12},即是 $S_{12} \approx 0$。由式(1.9.1)可得:

$$\Gamma_{in} = S_{11} \qquad (1.9.3a)$$

$$\Gamma_{out} = S_{22} \qquad (1.9.3b)$$

这时放大器的转换增益成为单向化转换增益,假若电路又符合下列匹配条件:

$$\Gamma_S = S_{11}^* \qquad (1.9.4a)$$

$$\Gamma_L = S_{22}^* \qquad (1.9.4b)$$

则可得到此放大器电路之最大单向化转换增益:

$$G_{TU,max} = \frac{1}{1-|S_{11}|^2} \cdot |S_{21}|^2 \cdot \frac{1}{1-|S_{22}|^2} \qquad (1.9.5)$$

3. 双共轭匹配放大器设计

双共轭匹配设计是考虑有源器件 S 参数中的 S_{12},即 $S_{12} \neq 0$。双共轭阻抗匹配法(亦称最大增益匹配法)是指有源器件的输入端、输出端同时实

现共轭匹配,即

$$\Gamma_{in} = \Gamma_S^*$$ (1.9.6a)

$$\Gamma_{out} = \Gamma_L^*$$ (1.9.6b)

将式(1.9.6)代入式(1.9.1),经过推导可利用下列公式计算出双共轭阻抗匹配时信号源反射系数 Γ_{Sm} 和负载反射系数 Γ_{Lm}:

$$\Gamma_{Sm} = \frac{C_1^* \cdot \left[B_1 \pm \sqrt{B_1^2 - 4 \cdot |C_1|^2}\right]}{2 \cdot |C_1|^2}$$ (1.9.7a)

$$\Gamma_{Lm} = \frac{C_2^* \cdot \left[B_2 \pm \sqrt{B_2^2 - 4 \cdot |C_2|^2}\right]}{2 \cdot |C_2|^2}$$ (1.9.7b)

其中:

$$B_1 = 1 + |S_{11}|^2 - |S_{22}|^2 - |\Delta|^2$$ (1.9.8a)

$$B_2 = 1 - |S_{11}|^2 + |S_{22}|^2 - |\Delta|^2$$ (1.9.8b)

$$C_1 = S_{11} - \Delta \cdot S_{22}^*$$ (1.9.9a)

$$C_2 = S_{22} - \Delta \cdot S_{11}^*$$ (1.9.9b)

4.放大器的稳定条件

设计放大器电路,必须要保证放大器在工件频段内的稳定性,因为放大器不稳定会产生振荡的现象。放大器的稳定条件分为无条件稳定和条件稳定。

(1)无条件稳定

对于一个放大器电路而言,无条件稳定可根据其有源器件的 S 参数判定。令 $\Delta = S_{11}S_{22} - S_{12}S_{21}$,当 $|S_{11}| < 1$ 且 $|S_{22}| < 1$ 时,放大器无条件稳定的充要条件为

$$\begin{cases} K = \dfrac{1 - |S_{11}|^2 - |S_{22}|^2 + |\Delta|^2}{2 \cdot |S_{12}S_{21}|} > 1 \\ |\Delta| = |S_{11}S_{22} - S_{12}S_{21}| < 1 \end{cases}$$ (1.9.10)

式中,K 称为稳定因子。

(2)条件稳定

当有源器件不符合上述无条件稳定的规定时,即称为条件稳定。在此情况下,在输入端平面 Γ_S 及输出端平面 Γ_L,必存在一些不稳定区域。对应于 $|\Gamma_{out}| = 1$ 及 $|\Gamma_{in}| = 1$ 时,在 Γ_S 及 Γ_L 平面上画出的轨迹,定义为输入输出稳定圆,稳定圆确定了条件稳定对应的 Γ_S 及 Γ_L 的边界。

输出稳定圆：

$$|\Gamma_L - c_L| = r_L \tag{1.9.11}$$

$$c_L = \frac{(S_{22} - S_{11}^* \Delta)^*}{|S_{22}|^2 - |\Delta|^2} \tag{1.9.12a}$$

$$r_L = \frac{|S_{12}S_{21}|}{||S_{22}|^2 - |\Delta|^2|} \tag{1.9.12b}$$

式中，c_L、r_L 分别为输出稳定圆的圆心和半径。

输入稳定圆：

$$|\Gamma_S - c_S| = r_S \tag{1.9.13}$$

$$c_S = \frac{(S_{11} - S_{22}^* \Delta)^*}{|S_{11}|^2 - |\Delta|^2} \tag{1.9.14a}$$

$$r_S = \frac{|S_{12}S_{21}|}{||S_{11}|^2 - |\Delta|^2|} \tag{1.9.14b}$$

式中，c_S、r_S 分别为输入稳定圆的圆心和半径。

如图 1.9.2 所示，图中画出了在 Γ_S 平面上输入稳定圆，对应于 $|\Gamma_{out}| = 1$。当 $|S_{22}| < 1$ 并且 $||c_S| - r_S| < 1$ 时，Γ_S 平面上稳定区的划分，阴影区为稳定区，图(a)、(b)分别为 $r_S < |c_S|$、$r_S > |c_S|$ 两种情况。设计输入匹配网络时，在稳定区域内选择 Γ_S。同理当 $|S_{11}| < 1$ 且 $||c_L| - r_L| < 1$ 时，图 1.9.3 画出了 Γ_L 平面上稳定区的划分，输出稳定圆对应于 $|\Gamma_{in}| = 1$，阴影区为稳定区，图(a)、(b)分别为 $r_L < |c_L|$、$r_L > |c_L|$ 两种情况。设计输出匹配网络时，在稳定区域内选择 Γ_L。

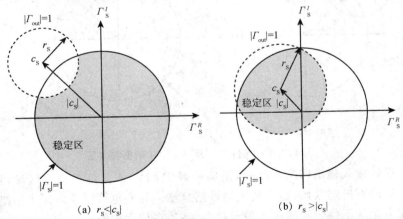

(a) $r_S < |c_S|$ (b) $r_S > |c_S|$

图 1.9.2 $|S_{22}| < 1$ 且 $||c_S| - r_S| < 1$，Γ_S 平面阴影稳定区

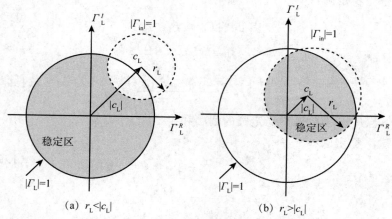

(a) $r_L < |c_L|$ (b) $r_L > |c_L|$

图 1.9.3 $|S_{11}| < 1$ 且 $||c_L| - r_L| < 1$，Γ_L 平面阴影稳定区

相应的无条件稳定为

$$||c_S| - r_S| > 1 \text{ 且 } |S_{22}| < 1 \text{ 及 } ||c_L| - r_L| > 1 \text{ 且 } |S_{11}| < 1$$

图 1.9.4 为 $|S_{22}| > 1$ 及 $|S_{11}| > 1$ 输入端 Γ_S 平面及输出端 Γ_L 平面的稳定区判断，阴影部分为稳定区。

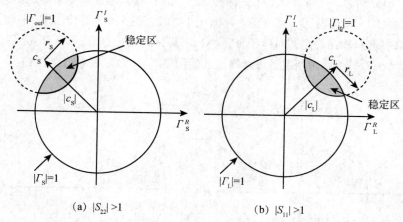

(a) $|S_{22}| > 1$ (b) $|S_{11}| > 1$

图 1.9.4 $|S_{22}| > 1$ 及 $|S_{11}| > 1$ 阴影稳定区

设计输入输出匹配电路时，正确选择 Γ_S、Γ_L，使其落在稳定区域，避免进入这些不稳定区域，造成放大器电路自激。另外也可以采取适当的措施，使放大器从不稳定状态进入稳定状态，例如在放大器的输入、输出端口串联

电阻或并联电导。由于放大器输入、输出端口之间的耦合效应,通常只需要稳定一个端口,而且尽量避免在输入端口增加电阻元件,因为电阻产生的附加噪声将会被放大。

5.噪声系数

在无线接收系统中,经常使用低噪声放大器,放大从天线进来的通过开关的微弱信号,在低噪声前提下对信号进行放大是系统的基本要求,然而放大器的最小噪声系数和最大增益不能同时实现,要在两者之间进行折中考虑,此外还要考虑放大器稳定性的要求。通常将噪声参数标注在 Smith 圆图上,权衡分析噪声系数、增益和稳定性等因素。

二端口放大器噪声系数 F 的定义为

$$F=F_{\min}+\frac{R_n}{G_S}\,|\,Y_S-Y_{opt}\,|^{\,2} \tag{1.9.15}$$

式中,$F_{\min}$ 为最小(也称最佳)噪声系数,它与偏置条件和工作频率有关;

$Y_S=G_S+jB_S$ 表示器件的源导纳;

Y_{opt} 为对应于最小噪声系数即当 $F=F_{\min}$ 时的最佳源导纳;

R_n 为器件的等效噪声电阻;

G_S 为源导纳的实部。

$F_{\min}$、R_n、Y_{opt} 参数通常可从器件的生产厂商数据中查阅,有时数据表中给出了最佳源反射系数 Γ_{opt} 而非 Y_{opt},两者关系为

$$Y_{opt}=Y_0\,\frac{1-\Gamma_{opt}}{1+\Gamma_{opt}} \tag{1.9.16}$$

式中,Y_0 为特性导纳。

对于固定的噪声系数 F,式(1.9.15)的结果定义了一个在 Γ_S 平面上的圆。

6.设计步骤

(1)判断选用器件的稳定性,根据器件的工件频率及输入、输出阻抗(一般射频放大器的输入、输出阻抗设定为 50Ω),确定在相应工作状态下的 S 参数(S_{11},S_{21},S_{12},S_{22}),利用式(1.9.10)计算稳定因子 K。

(2)检查 K 值是否小于1,若 K 值大于1,则为无条件稳定,可任意选择信号源反射系数 Γ_S 和负载反射系数 Γ_L;若 K 值小于1,一方面适当选择 Γ_S 和 Γ_L,避免落在不稳定区域内,则须将输入输出稳定圆标示于 Smith 圆图上。另一方面采取适当的措施,使放大器从不稳定状态进入稳定状态,例如

在放大器的输出端口串联电阻或并联电导,使 K 值大于 1。

(3)根据设计要求,综合考虑增益、噪声系数、驻波比等指标,选择合适的信号源反射系数 Γ_S 和负载反射系数 Γ_L。

(4)利用上述步骤所得 Γ_S 和 Γ_L 设计输入和输出匹配电路。

(5)利用 Microwave Office 软件进行仿真分析→评估性能指标→检验设计是否合理→对原方案作出相应的调整和修改→最终完成设计。

三、实验内容

利用微波集成芯片 MGA-87563,设计一个 2.4GHz 的低噪声放大器(LNA),输入输出阻抗为 50Ω。指标要求如下:

(1)噪声系数小于 1.7dB;

(2)增益大于 12dB;

(3)输入输出电压驻波比小于 1.5。

要求设计低噪声放大器的输入、输出匹配网络,画出电路原理图,利用 Microwave Office 进行仿真分析,画出噪声系数、增益、输入输出电压驻波比的频率特性曲线,并且比较低噪声放大器(LNA)与单个芯片 MGA-87563 的指标性能。

MGA-87563 芯片

该芯片内有自偏置电流源、源跟随器、电阻反馈、阻抗匹配等,是用于射频无线范围内的低噪声放大器,工作频率范围为 0.5～4GHz,其外观和引脚封装如图 1.9.5 所示,图 1.9.6 是内部等效电路。

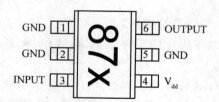

图 1.9.5   MGA-87563 外观和引脚封装

表 1-9-1 显示了 MGA-87563 的 S 参数($V_{CS}=2\mathrm{V}, I_{DS}=4.5\mathrm{mA}, Z_o=50\Omega, T_A=25℃$)和稳定因子 K,表 1-9-2 是噪声参数表。

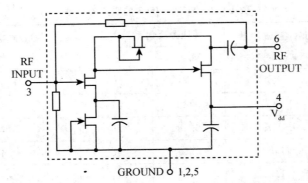

图 1.9.6　MGA-87563 内部等效电路

表 1-9-1　MGA-87563 的 S 参数和稳定因子 K

Freqency (GHz)	S_{11}		S_{21}		S_{12}		S_{22}		K (稳定因子)
	Mag.	Ang.	Mag.	Ang.	Mag.	Ang.	Mag.	Ang.	
0.1	0.92	−5	0.53	−90	0.073	−7	0.86	−11	0.41
0.2	0.91	−8	0.92	−100	0.073	−9	0.85	−18	0.29
0.5	0.88	−20	2.15	−131	0.068	−18	0.78	−43	0.33
1.0	0.79	−35	3.22	−170	0.055	−26	0.61	−75	0.72
1.5	0.73	−49	3.63	163	0.049	−33	0.50	−100	1.02
2.0	0.67	−60	3.72	140	0.047	−39	0.42	−122	1.32
2.2	0.63	−65	3.72	130	0.041	−47	0.37	−135	1.73
2.4	0.59	−67	3.57	121	0.032	−42	0.30	−140	2.6
2.5	0.59	−69	3.54	119	0.035	−40	0.31	−141	2.38
2.8	0.53	−76	3.51	108	0.029	−54	0.28	−159	3.26
3.0	0.50	−78	3.41	101	0.024	−52	0.25	−167	4.29
3.5	0.43	−83	3.20	85	0.018	−12	0.20	172	6.74
4.0	0.37	−96	3.16	71	0.013	−10	0.24	143	9.83
4.5	0.31	−91	2.72	52	0.050	20	0.11	123	3.33
5.0	0.30	−105	2.55	42	0.050	−3	0.17	127	3.48

表 1-9-2　MGA-87563 的噪声参数表

Freqency (GHz)	最小噪声系数 $F_{\min}$(dB)	最佳源反射系数 Γ_{opt}		等效噪声电阻 $R_n/50$
		Mag.	Ang.	
0.5	2.6	0.71	1	1.57
1.0	1.7	0.68	17	0.96
1.5	1.6	0.68	28	0.75
2.0	1.52	0.66	36	0.67
2.4	1.52	0.63	41	0.57
2.5	1.52	0.63	42	0.56
3.0	1.6	0.59	49	0.53
3.5	1.8	0.56	55	0.55
4.0	2.0	0.53	62	0.58

四、实验步骤

1.判定稳定性

当稳定因子 K 小于 1 时,放大器存在潜在不稳定因素,设计输入输出匹配电路时要加以考虑。由表 1-9-1 可见该器件在低频 1.5GHz 以下,K 小于 1 存在潜在不稳定,为了提高放大器在低频段的稳定性,将电阻和电感串联后并联在 MGA-87563 的输出端,其中电阻值是 51Ω,电感根据 K 因子随频率变化选择为 8.2nH。对于低频信号等效于一个电阻性负载,而对于高频信号损耗较小,如图 1.9.7 所示。

图 1.9.8 显示出 MGA-87563 以及并联电阻和电感后,稳定因子 K 随频率的变化,MGA-87563 在 1.5GHz 以下稳定因子 $K<1$(三角形标记),放大器处于潜在不稳定状态;在其输出端并联电阻和电感的串联电路后,在 1.5GHz 以下的频率低端,稳定因子 K 得到改善,从 0.5～4GHz 的频率范围内稳定因子都大于 1,最小点出现在 1.1GHz 附近为 1.054(正方形标记)。

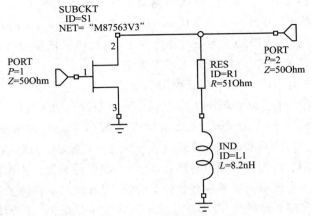

图1.9.7 输出端并联电阻和电感

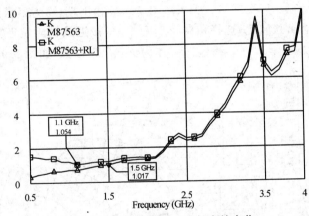

图1.9.8 稳定因子 K 随频率的变化

2.设计输入输出匹配网络

设计输入输出匹配网络的原则是:首先根据设计指标要求,如增益、噪声系数、驻波比等,选择合适的信号源反射系数 Γ_S 和负载反射系数 Γ_L。然后选择一个匹配网络,将信号源和负载反射系数 Γ_S 和 Γ_L,所对应的阻抗值 Z_S 和 Z_L,匹配到放大器的输入、输出端口阻抗(50Ω)。

本实验选择 L 型网络设计输入、输出匹配网络,输入匹配网络的元件为电容和电感,根据在 Smith 圆图的等电阻圆和等电导圆上移动所引起的电抗和电纳的变化,确定电容和电感的值。注意:选择在放大器的输入、输

89

出端串联电容式的匹配网络,以达到隔直流的效果。

MGA-87563 内部局部的匹配到 50Ω。在 MGA-87563 的输出端并联电阻和电感后,放大器处于无条件稳定状态,我们可以任意选择信号源和负载反射系数 Γ_S 和 Γ_L。下面以输入匹配为例说明。

下面以 2.4GHz 为例说明匹配网络的设计方法。为了降低噪声系数,设计输入匹配网络时,在 Smith 圆图上标出最佳噪声系数点和等噪声系数圆,如图 1.9.9 所示,叉号和圆分别表示最佳噪声系数(1.52dB)和等噪声系数圆($F=1.68dB$),Γ_{Sm} 为双共轭阻抗匹配时信号源反射系数,Γ_{Lm} 为双共轭阻抗匹配时负载反射系数,Γ_S 为信号源反射系数,Γ_L 为负载反射系数。选择信号源反射系数时,不仅要考虑输入端噪声系数较小,而且要兼顾增益和输入驻波比等因素,因此选择噪声系数较低(1.68dB),又靠近共轭匹配点 Γ_{Sm},作为信号源反射系数,例如取 $\Gamma_S=0.544\angle 58.5°$ 作为信号源反射系数,如图 1.9.9 所示。

同理设计输出匹配网络,在 MGA-87563 的输出端口,为了得到较大的增益和较小的输出驻波比,选择负载反射系数时,接近共轭阻抗匹配的负载反射系数 Γ_{Lm},如选择 $\Gamma_L=0.284\angle 156°$ 作为负载反射系数,如图 1.9.9 所示。

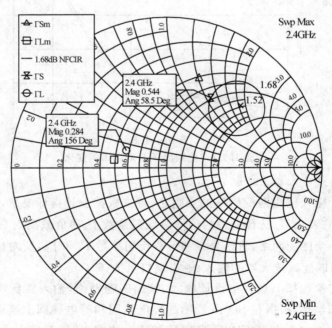

图 1.9.9　Smith 圆图中信号源和负载反射系数

3.仿真分析指标性能

按照图 1.9.1 画出放大器的电路结构,仿真分析其指标如稳定性、噪声系数、增益、输入输出驻波比等特性。

(1)建立一个新项目,建立新原理图如命名为 K,放置元件,在元件浏览器里找到 Circuit Elements\Data\Agilent\IntCircuits\M87563V3,拖放进原理图里,双击 M87563V3,出现 Element Options 对话框,单击 Ground,选择 Explicit ground node,单击"OK"按钮;在 Element Options 对话框里单击 Symbol,选择 FET@System. syf,单击"OK"按钮,完成改变元件封装在集总元件库里找到电阻与电感的模型,拖放在原理图中;输入电阻、电感的参数,将其串联后并联到 M87563V3 的输出端。添加输入、输出端口,完成稳定电路如图 1.9.7 所示。

(2)在 Smith 圆图上标出最佳噪声系数和等噪声系数圆,添加图(Proj 下),选择 Smith 图,添加测量,测量类型为 Circle,测量项为 NFCIR,二端口的名称为 M87563V3,如图 1.9.10 所示。

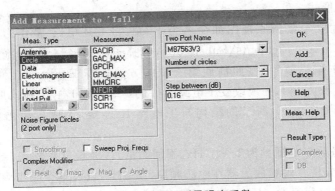

图 1.9.10　添加测量噪声系数

频率选择为 2.4GHz,单击分析如图 1.9.9 所示,最佳噪声系数 1.52dB 以及 1.68dB 的等噪声系数圆。

(3)在 Smith 圆图上标出双共轭阻抗匹配信号源和负载反射系数 Γ_{Sm} 和 Γ_{Lm},信号源和负载反射系数 Γ_S 和 Γ_L。添加测量共轭匹配反射系数 Γ_{Sm} 和 Γ_{Lm},选择测量类型为 Linear,测量项为 GM1 和 GM2,数据源名称为原理图 K,如图 1.9.11 所示,单击分析如图 1.9.9 所示。

(4)在 Smith 圆图上标出信号源和负载反射系数 Γ_S 和 Γ_L。在 Proj 下打开输出方程窗口,单击工具栏方程 $X=Y$,输入 $\Gamma_S = 0.544 \angle 58.5°$,

91

$\Gamma_L = 0.284\angle 156°$,单击分析如图 1.9.9 所示。

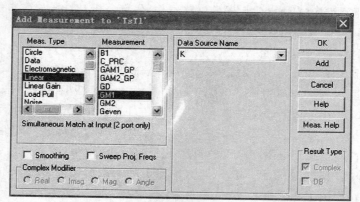

图 1.9.11　添加测量共轭匹配反射系数 Γ_{Sm} 和 Γ_{Lm}

(5)确定输入、输出匹配网络,采用集总元件构成的 L 型匹配网络设计放大器的输入、输出匹配网络。注意:为了隔直流在输入与输出端口采用串联电容的形式。

(6)建立一张新原理图如命名为 Final,将上述电路 K 作为一个子电路,单击 Circuit Elements\Subcircuits,选择子电路名称为 K,拖放到原理图中,单击鼠标放置;按照前面第一步的方法选择 Explicit ground node,FET@System. syf,完成改变子电路元件的封装;添加输入、输出匹配网络,将其按照图 1.9. 1 所示的结构与子电路 K 连接,完成放大器的电路原理图。

(7)将频率范围设为 1~4GHz,添加测量,选择噪声系数 N_F、S 参数、驻波比单击分析。观察放大器在中心频率2.4GHz,以及整个频带内的各项指标特性,如噪声系数、增益和输入输出驻波比等。

(8)调整输入、输出匹配网络的元件参数值,使放大器在 2.4GHz 附近的各项指标性能达到要求,调谐输入匹配电路的元件参数值,使放大器的噪声系数、增益、输入电压驻波比等满足指标要求;调谐输出匹配电路的元件参数值,使放大器的增益和输出电压驻波比满足指标。

(9)比较所设计的放大器与单个芯片 M87563V3 在噪声系数、增益、输入输出驻波比等方面性能的改善。

(10)将放大器的工作频率改为 3GHz 重新设计输入、输出匹配网络,仿真分析放大器的各项指标性能。

五、实验报告

(1)按照实验报告常规要求书写有关项目。

(2)画出采取稳定措施前后,即在 MGA-87563 的输出端并联电阻和电感的串联电路,稳定因子 K 随频率的变化。

(3)画图说明设计输入、输出匹配网络的方法,在 Smith 圆图上标出信号源和负载反射系数 Γ_S 和 Γ_L,说明它们与增益、噪声系数、驻波比等的关系。比较不同频率 2.4GHz 和 3GHz 时,所选反射系数 Γ_S 和 Γ_L 在 Smith 圆图上的变化。

(4)画出最终设计的放大器电路图,标出调谐前后元件的参数值,说明其对指标性能的影响,(工作频率为 2.4GHz 和 3GHz)。

(5)画出工作频率为 2.4GHz 和 3GHz 时,放大器噪声系数、增益、输入输出驻波比与频率的关系曲线,并且与单芯片 MGA-87563 比较。

1.10　实验九　宽频带放大器

一、实验目的

(1)掌握平衡结构放大器的工作原理。

(2)掌握宽频带射频微波放大器的设计和仿真。

二、实验原理

1.宽带射频微波放大器

理想的射频微波放大器在所希望的频带内具有相等增益和良好的输入匹配,然而晶体管、场效应管等器件的 S 参数随频率而变。因此,必须对宽带放大器的设计问题给予特殊的考虑。常用的宽带射频微波放大器设计方法如下:

(1)用补偿匹配网络,按照通频带的高频端设计匹配网络,获得较大增益,在频率低端由于失配产生适当的反射,降低增益,来补偿晶体管或场效应管的 $|S_{21}|$ 随频率升高而下降的特性,从而获得平坦增益。

(2)用平衡结构。

(3)用负反馈电路。

(4)分布式宽带放大器。

2.平衡结构放大器

在通带内设计等增益放大器,要求输入输出匹配网络补偿 $|S_{21}|$ 随频率

改变。但是输入输出驻波比增大,用平衡结构解决这一矛盾。平衡放大器具有平坦增益和低输入输出驻波比,代价是需要两级放大器和两个定向耦合器,如图 1.10.1 所示。它通过用两个 90°耦合器,消除了来自两个相同放大器的输入和输出反射,第一个定向耦合器将输入信号分成两路等幅但相位相差 90°的分量,用以驱动这两个放大器,第二个耦合器把两个放大器的输出重新组合在一起。

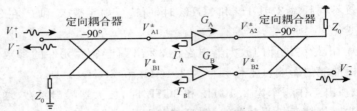

图 1.10.1　−90°相移的 3dB 定向耦合器连接的平衡放大器

参考图 1.10.1 可知,放大器的入射电压表示为

$$V_{A1}^+ = \frac{-j}{\sqrt{2}}V_1^+ \quad V_{B1}^+ = \frac{1}{\sqrt{2}}V_1^+ \tag{1.10.1}$$

式中,V_1^+ 是入射输入电压,而输出电压表示为

$$V_2^- = \frac{1}{\sqrt{2}}V_{A2}^+ + \frac{-j}{\sqrt{2}}V_{B2}^+ = \frac{1}{\sqrt{2}}G_A V_{A1}^+ + \frac{-j}{\sqrt{2}}G_B V_{B1}^+$$
$$= \frac{-j}{2}V_1^+(G_A + G_B) \tag{1.10.2}$$

于是 S_{21} 表示为

$$S_{21} = \frac{V_2^-}{V_1^+} = \frac{-j}{2}(G_A + G_B) \tag{1.10.3}$$

该式表明平衡放大器的总增益是各个放大器增益的平均。

在输入端,总反射电压可以表示为

$$V_1^- = \frac{-j}{\sqrt{2}}V_{A1}^- + \frac{1}{\sqrt{2}}V_{B1}^- = \frac{-j}{\sqrt{2}}\Gamma_A V_{A1}^+ + \frac{1}{\sqrt{2}}\Gamma_B V_{B1}^+$$
$$= \frac{1}{2}V_1^+(\Gamma_B - \Gamma_A) \tag{1.10.4}$$

因此我们将 S_{11} 表示为

$$S_{11} = \frac{V_1^-}{V_1^+} = \frac{1}{2}(\Gamma_B - \Gamma_A) \tag{1.10.5}$$

若放大器是相同的,则有 $G_A = G_B$ 和 $\Gamma_A = \Gamma_B$,因此式(1.10.5)表明 $S_{11} = 0$,而式(1.10.3)表明平衡放大器的增益 S_{21} 和单个放大器增益一样。只要将 $|S_{21A}|^2$ 和 $|S_{21B}|^2$ 用匹配网络设计成平坦型增益,因此整个网络增益是平坦的,输入输出驻波比较低。

三、实验内容

利用上述芯片 MGA-87563,设计一个宽频带放大器。

已知条件:信号源内阻和负载阻抗都是 50Ω,即 $Z_S = Z_L = 50Ω$。

其指标如下:

(1)频率范围:2~4GHz;

(2)线性增益大于 10dB;

(3)电压驻波比小于 1.5。

四、实验步骤

1.设计输入、输出匹配网络

由表 1-9-1 可知在 2~4GHz 频率范围内,稳定因子 $K > 1$,而且 M87563V3 芯片的反射系数模值小于 1,即 $|S_{11}| < 1$,$|S_{22}| < 1$,所以放大器处于绝对稳定状态,可以任意设计输入输出匹配网络。又因为 $|S_{12}|$ 远小于 $|S_{21}|$,可以忽略,令 $S_{12} \approx 0$,所以可以采用单向化设计,这样可以大大简化设计过程。

根据不同的指标要求设计输入和输出匹配网络,对于低噪声放大器,根据噪声系数和增益的要求,确定输入和输出匹配网络;对于高增益放大器,应根据增益和平坦度的要求设计输入和输出匹配网络。本实验的指标主要针对增益和驻波比,没有提出噪声系数的要求。为了简单起见,一般采用放大器输入、输出端口同时共轭匹配的方法设计,则可得到此放大器电路之最大单向化转换增益,再利用平衡结构降低输入输出驻波比。根据 1.9 节的单向化设计公式(1.9.4),信号源和负载的反射系数分别为:$\Gamma_S = S_{11}^*$,$\Gamma_L = S_{22}^*$。

2.仿真分析指标性能

(1)建立一个新项目,确定项目频率,在主菜单里选择 Options\Project Options\Frequency Values,输入点频 3GHz;

(2)建立新原理图,放置元件,在元件浏览器里找到 Circuit Elements\Data\Agilent\IntCircuits\M87563V3,拖放进原理图里,双击 M87563V3,

出现 Element Options 对话框,单击 Ground,选择 Explicit ground node,单击"OK"按钮;在 Element Options 对话框里单击 Symbol,选择 FET@System.syf,单击"OK"按钮,完成改变元件封装。

(3)输入 M87563V3 的 S 参数,在 Proj 下双击 Output Equations,单击工具栏 X=(添加新测量方程),出现 Add New Measurement Equations 对话框,如图 1.10.2 所示,输入数据 M87563V3,选择端口参数 S,结果类型为复数,变量名分别为 S_{11},单击"OK"按钮,在 Output Equations 按 Enter键,完成数据输入。

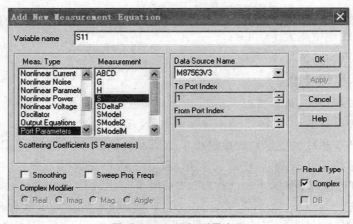

图 1.10.2 添加测量方程

同理输入 M87563V3 的其他 S 参数 S_{21}、S_{12}、S_{22}。

(4)在 Output Equations 里输入源和负载反射系数,$\Gamma_S = \mathrm{conj}(S_{11})$,代表 $\Gamma_S = S_{11}^*$,$\Gamma_L = \mathrm{conj}(S_{22})$,代表 $\Gamma_L = S_{22}^*$。

(5)在 Smith 圆图上标出 Γ_S、Γ_L,添加图(Proj 下),选择 Smith 图;添加测量,选择 Output Equations,方程名为 Γ_S、Γ_L;选择导纳圆图,单击分析。

(6)确定输入、输出匹配网络,采用集总元件构成的 L 型匹配网络设计放大器的输入、输出匹配网络。注意:为了隔直流在输入与输出端口采用串联电容的形式。

(7)新建一张原理图,命名为 Single,将 M87563V3 和输入、输出匹配网络按照图 1.9.1 所示方式连接,完成单级放大器的原理图。仿真分析,观察单级放大器在频带内的增益特性和驻波比。

(8)调谐 L 型输入、输出匹配网络的元件值,单击调谐图标,激活要调

谐的元件参数(蓝色),打开变量调谐器,调谐参数值同时观察$|S_{21}|$波形的变化,选择最佳值使在中心频率 3GHz 处增益$|S_{21}|$大于 12dB,并且在 2GHz～4GHz 频率范围内增益$|S_{21}|$大于 10dB,但此时输入输出驻波比($|S_{11}|$,$|S_{22}|$)较大。

(9)利用平衡结构降低输入、输出驻波比。新建一个原理图,命名为 Final,将上述单级放大器电路作为一个子电路,单击 Circuit Elements\Subcircuits,选择单级放大器名称 Single,拖放到原理图中;在 Circuit Elements\General\Passive\PwrDivider 下,选择－90°相移 3dB 定向耦合器 QHYB,按照图图 1.10.1 连接电路。仿真分析连接耦合器 QHYB 后 Final 的$|S_{11}|$、$|S_{22}|$、$|S_{21}|$,比较与单级放大器 Single 的区别。

五、实验报告

(1)按照实验报告常规要求书写有关项目。

(2)在 Smith 圆图上标出信号源和负载反射系数Γ_S和Γ_L。

(3)画出单级放大器的电路原理图。

(4)画出调谐元件参数前后,单级放大器的$|S_{21}|$与频率的关系曲线,标明调谐的参数值。

(5)画出加入平衡结构后最终的电路图,分析其指标性能($|S_{11}|$、$|S_{22}|$、$|S_{21}|$),并且与单级放大器相比较。

第 2 章　微波器件测试

在微波频段,由于工作频率较高,波长可以与设备的尺寸相比拟,微波电路及器件参数的测量方法与低频电路相比,具有很大的区别。在低频(相对于射频微波)电路中经常测量的是电流、电压等,而在微波范围内电流、电压没有确定的值,经常研究的是电磁波的传输、反射、阻抗匹配等。微波测量的参数通常是驻波比、反射系数、插入损耗、端口阻抗等。另外,在低频和微波中所用的测量仪器也有很大的差别,在低频中经常用示波器、万用表等,在微波中经常用网络仪、频谱仪、功率计等。

本章实验的目的是让学生掌握有关电磁场与微波的测量方法和技能,掌握波长、驻波比和阻抗的基本概念和测量方法,掌握现代微波测量仪器—频谱仪和网络分析仪的使用方法,以及常用的微波器件参数的测量方法。

2.1　实验十　波长和反射系数测量

一、实验目的

(1)熟悉频谱仪和网络分析仪的使用方法。

(2)掌握驻波分布法测量波长的方法。

(3)掌握用网络分析仪和反射电桥法测量反射系数的方法。

二、实验原理

当传输信号的波长与传输线长度可比拟时,传输线上各点的电流(或电压)的大小和相位均不相同,显现出电路参数的分布效应,此时传输线就必须作为分布参数电路处理。传输线的工作状态取决于传输线终端所接的负载,当传输线的特性阻抗与端接负载不匹配时,传输线上产生反射波,与入射波叠加形成驻波,如图 2.1.1 所示。合成波电压沿传输线呈现驻波分布,电压的最大点为波腹点,最小点为波节点。驻波比定义为:传输线上最大电压幅度与最小电压幅度的比值,用 ρ 表示为

$$\rho = \frac{|u_{\max}|}{|u_{\min}|} \tag{2.1.1}$$

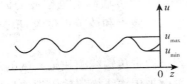

图 2.1.1　传输线驻波分布

　　传输线上某点的反射波电压与入射波电压之比定义为该点处的反射系数,用 Γ 表示,反射系数的幅度 $|\Gamma|$ 与驻波比 ρ 的关系为

$$|\Gamma| = \frac{\rho - 1}{\rho + 1} \qquad (2.1.2)$$

　　表示信号反射的另一个指标是回波损耗,回波损耗与反射系数的幅度的关系为

$$R = -20\lg|\Gamma| \qquad (2.1.3)$$

　　$R(\mathrm{dB})$ 表示回波损耗。

　　利用传输线上的电压分布测量波长,这种方法称为驻波分布法。传输线终端短路(或开路)时,传输线上形成纯驻波,移动测量探头测出两个相邻驻波节点之间的距离,即可求得波长。对空气绝缘的同轴系统,上述方法测出的波长就是工作波长,如果是有介质绝缘的同轴系统或微带线系统,这样测出的波长是等效波长,要根据等效波长和工作波长之间的关系进行换算。

　　利用网络分析仪测量反射是现代射频微波常用的测量方法,然而测量反射的另一种简单易行的方法是利用反射电桥。反射电桥又称电桥反射计或定向电桥,它只能测量反射波,不能测入射波,反射电桥的输出正比于反射系数,而且只有幅度信息,没有相位信息,属于标量测量。反射电桥的基本原理与惠司顿电桥类似,输出的误差电压正比于反射系数。

　　反射电桥一般有三个端口,信号输入端、输出端和测试端。测量时测试端首先不接负载即开路,这时入射波全反射,测量的反射波与入射波相同,然后再接负载测量,测量值为负载的反射波,两次测量的比值即为反射系数幅值,取对数后代表回波损耗。

三、实验内容

　　本实验用微带传输线模块模拟测量线,如图 2.1.2 所示,利用驻波测量技术测量传输线上的等效波长;利用网络分析仪和反射电桥测量反射系数,具体内容如下:

99

（1）用驻波分布法测量微带传输线上电磁波的波长。观测微带传输线上的驻波分布,测量驻波的波腹点和波节点位置,根据相邻波节点距离计算出等效波长。

（2）用网络分析仪测量微带传输线模块输入端的反射系数和驻波比。

（3）用反射电桥测量微带传输线模块输入端的反射系数。

图 2.1.2　微带传输线模块

实验仪器设备

（1）微带传输线模块。

（2）AT-5011＋频谱分析仪,8714ES 网络分析仪。

（3）AZ530-E 电场探头、反射电桥。

（4）终端负载、短路器。

四、实验步骤

1. 测量波长

（1）按图 2.1.3 连接好实验装置。

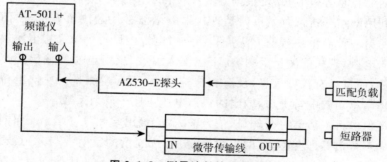

图 2.1.3　测量波长的实验框图

（2）微带传输线模块输出端开路(不接负载)。

（3）把 AT5011＋设置为最大衰减量(40dB 衰减器全部按下),频谱仪跟踪源输出不衰减。

（4）选择中心频率为 800MHz,注意应选较高的中心频率使等效波长小于微带传输线长度,扫频宽度选为"0 扫频"模式。

(5)将电场探头在开槽微带传输线的不同位置移动,记录探头位置刻度读数和频谱分析仪读数,必要时可调节信号发生器或频谱分析仪的衰减量。

(6)将微带传输线模块输出端分别接短路器和匹配负载,重复上述(3)～(5)步骤。

(7)重新设置频率为 1GHz,重复上述(5)～(6)步骤。比较两种频率下,等效波长的变化。

2.用网络分析仪测量反射系数和驻波比

(1)按图 2.1.4 连接好实验装置。

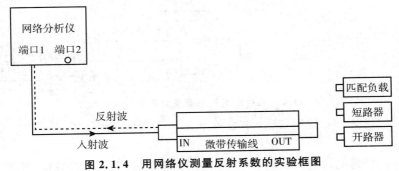

图 2.1.4 用网络仪测量反射系数的实验框图

(2)设置频率参数,按下 FREQ 键,进入频率软菜单,选择Start 200 MHz,Stop 3 GHz。

(3)微带传输线模块输出端接匹配负载。

(4)选择测量模式,按下 MEAS 1 键,选择S11 Refl Port 1;按下 FORMAT 键,选择Log Mag。按下 SCALE 键,单击Autoscale,显示的曲线轨迹,代表反射系数的幅值$|\Gamma|$(dB)随频率的变化。按下 MARKER 键,读出频标所在位置的幅度(dB)和频率值。

(5)按下 FORMAT 键,选择SWR,即为驻波比ρ。按下 SCALE 键,输入刻度 1.0/div。按下 MARKER ,读出频标所在位置的驻波比和频率值。

3.用反射电桥测量反射系数

(1)按图 2.1.5 连接好实验装置。

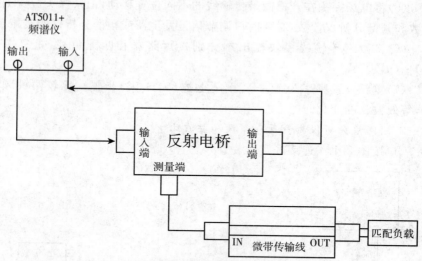

图 2.1.5 用反射电桥测量反射系数的实验框图

（2）选择中心频率，选择中心频率为 200MHz，扫频宽度选为"0 扫频"模式。

（3）反射电桥的测量端首先不接负载（开路），记录 AT5011＋频谱仪测量的频率和幅度值。然后将反射电桥的测量端接微带传输线模块的输入端，微带传输线的输出端接匹配负载，再次记录 AT5011＋测量的频率和幅度值。同一频率下对应的幅度差的绝对值 d（按 10dB/格读数）即代表回波损耗 R。利用式（2.1.3）、式（2.1.2）可换算出反射系数幅值 $|\varGamma|$ 和驻波比 ρ。

（4）将频谱仪的中心频率分别设为 400MHz、600MHz、800MHz，扫频宽度选为"0 扫频"模式，重复上面的步骤（3）。

五、实验报告

（1）利用测量的相邻驻波节点的位置，计算两种频率下微带传输线的等效波长。比较微带传输线模块输出端接不同负载如开路器、短路器及匹配负载的情况下，测试曲线的幅度和相位变化。

（2）根据信号源工作频率 f 和测量的等效波长 λ_e，计算微带传输线模块的等效介电常数 ε_e，注意利用公式 $\lambda_e = \dfrac{\lambda_0}{\sqrt{\varepsilon_e}}$，$\lambda_0 = \dfrac{c}{f}$，其中 c，λ_0 分别为光速和工作波长。

(3)比较利用网络分析仪和反射电桥两种方法测量的反射系数的差别、分别画出两种方法测量的反射系数幅值随频率的变化曲线。

2.2 实验十一 阻抗测量

一、实验目的

(1)掌握射频网络分析仪校准的概念和方法。

(2)掌握用网络分析仪测量阻抗和驻波比的方法。

二、实验原理

1.传输线上的阻抗和反射系数

随着频率的增高,当工作波长与设备尺寸相比拟时,高频信号通过传输线时将产生分布参数效应,如沿线产生分布电感和分布电容。传输线上的电压、电流不仅是时间的函数,而且是位置的函数。传输线上的阻抗和电压反射系数不仅与传输线终端的负载情况有关,而且与所在的位置有关。下面以均匀无耗传输线为例讨论:

(1)传输线的终端负载等于其特性阻抗:

信号源传向负载的能量将被负载完全吸收,没有反射,此时称传输线工作于行波状态,即传输线与负载处于匹配状态。

在行波状态下,均匀无损耗传输线上各点电压复振幅的值是相同的,各点电流复振幅的值也是相同的,即它们都不随距离而变化。

工作于行波状态时,传输线上的输入阻抗 Z_{in} 与特性阻抗 Z_0 相等,显然反射系数为 $\Gamma=0$,驻波比为 $\rho=1$。

(2)传输线终端被理想导体(电导率为无穷大)所短路:

传输线的输入阻抗为

$$Z_{in}(l) = jZ_0(\tan\beta \cdot l) \tag{2.2.1a}$$

式中,β 为传输线的相位常数,l 为传输线的输入端到负载的距离。

当距离 l 一定时,输入阻抗与 β 有关,因为 $\beta = \dfrac{2\pi f}{v}$($f$ 为频率,v 为相速度,在自由空间为光速),所以输入阻抗与频率 f 有关,式(2.2.1a)可以表示为频率 f 的函数:

$$Z_{in}(f) = jZ_0(\tan\frac{2\pi f}{v} \cdot l) \tag{2.2.1b}$$

相应的传输线输入端的反射系数为

$$\Gamma(f) = -e^{-j\frac{4\pi f}{v} \cdot l} \qquad (2.2.2)$$

由式(2.2.1b)和式(2.2.2)可知,当 l 一定时,频率 f 从低频逐渐增高时,终端短路的传输线输入端的反射系数的绝对值为 1,相位随频率从 $-180°$ 到 $+180°$ 周期性变化。输入端阻抗是纯电抗,电抗值随频率从 0 到 ∞ 周期性变化。当频率较低时:

$$Z_{in}(f\downarrow) \approx 0$$
$$\Gamma(f\downarrow) \approx -1 \qquad (2.2.3)$$
$$\rho(f\downarrow) \approx \infty$$

(3)传输线的终端负载阻抗为无穷大:

与短路情况类似,传输线的输入阻抗和反射系数为

$$Z_{in}(f) = -jZ_0 \left(\cot\frac{2\pi f}{v} \cdot l \right) \qquad (2.2.4)$$

$$\Gamma(f) = e^{-j\frac{4\pi f}{v} \cdot l} \qquad (2.2.5)$$

因此当 l 一定时,频率 f 从低频逐渐增高时,终端开路的传输线输入端的反射系数的绝对值为 1,相位随频率从 0 到 360° 周期性变化。输入端阻抗是纯电抗,电抗值随频率从 ∞ 到 0 周期性变化。当频率较低时:

$$Z_{in}(f\downarrow) \approx \infty$$
$$\Gamma(f\downarrow) \approx 1 \qquad (2.2.6)$$
$$\rho(f\downarrow) \approx \infty$$

2. 矢量网络分析仪的校准

网络分析仪是现代射频微波最重要的测量仪器之一,网络分析仪测试的内容包括:插入损耗或增益、回波损耗、反射系数、阻抗、 S 参数、群时延和增益压缩、失真、镜象等。然而任何测量都会引起误差,用网络分析仪进行测试时产生的误差为系统误差、随机误差和漂移误差。随机误差随时间而变不可预测,主要由于仪表本身噪声(采样器噪声及 IF 噪声)、开关及连接器的重复性引起,可以通过增加信号源功率、减小 IF 带宽等方法减小误差;系统误差由于实际测试设备的不理想引起,这类误差通常认为不随时间变化具有可重复性可预测性,在测量过程中通过校准可以消除,校准的目的是修正系统误差提高测量精度;漂移误差主要由于温度变化引起,可以通过增加校准来消除。因此为了提高测量精度,使用网络分析仪进行测量之前,首

先对仪表内部及与其连接的测试系统进行校准,使测量误差降低到最小程度。

　　网络分析仪的系统误差与信号泄露、信号反射和频率响应有关。图2.2.1是射频网络分析仪产生的前向系统误差图,信号源输出分为两路,一路用做测量传输和反射时的参考信号 R,另一路输入到被测件 DUT。当输入的信号阻抗与被测件 DUT 输入端的阻抗不匹配时,一部分信号被反射,通过定向耦合器送入反射通道 A,其余信号经过被测件 DUT 送入传输通道 B。由于定向耦合器的方向性有限,部分传输信号泄露到反射通道 A(如图虚线所示的方向性),另一部分信号不经过被测件 DUT 直接泄露到传输通道 B(虚线串扰);由于信号源和负载阻抗的不理想造成信号源反射、负载反射,产生信号源失配和负载失配误差如图 2.2.1 所示;仪器内部接收机的频率响应引起传输跟踪(传输信号与参考信号之比)B/R 和反射跟踪(反射信号与参考信号之比)A/R 误差。因此前向系统误差包括定向耦合器方向性、串扰、信号源失配、负载失配、传输跟踪和反射跟踪共六项误差,同理反向系统误差也包括六项。

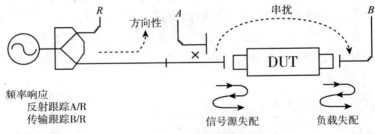

图 2.2.1　前向系统误差

　　通过使用已知的标准校准件(安捷伦配件),标准校准件包括开路器、短路器、匹配负载,它们的电特性参数都存储在网络仪内部,网络仪对这些已知的标准校准件进行测量,将测量结果与网络仪存储的已知校准参数相比较,产生误差修正系数矩阵,并存储在网络仪的内存,这一过程称作校准。当用网络分析仪测量被测件时,利用刚才的误差修正系数矩阵修正测试结果,这样就消除了网络分析仪系统误差的影响,提高了测量精度。

　　用网络分析仪做高频测量时有几种常用的校准类型:二端口校准、归一化校准和单口校准。二端口校准包括修正上述前向及反向十二项系统误差,归一化校准只修正系统频响误差(传输跟踪 B/R 和反射跟踪 A/R),单口校准用于反射测量,修正方向性、源失配和反射跟踪三项系统误差,因此二端口校准是最精确的校准。

8714ES 网络分析仪具有默认校准和用户校准两种功能,默认校准有默认二端口校准、默认归一化校准和默认单口校准;用户校准有用户二端口校准、用户归一化校准和用户单口校准。默认校准是网络仪出厂时存储的校准数据,修正了网络分析仪内部的系统误差如方向性、串扰、信号源失配、负载失配、传输跟踪和反射跟踪等,同时将测量的参考面移到前面板的两个端口上。与用户校准相比默认校准是方便、快捷的,只需要调用仪器内部存储的默认校准数据即可完成校准,但是没有用户校准精确。如果你的测量不需要较高精度,或者被测件可以直接连接到网络仪前面板上的两个端口,不需要经过适配器或电缆,就可以选择默认校准。

三、实验内容

在射频微波中,经常用同轴电缆连接测量仪器与被测件,同轴电缆是一种同轴的传输线,其特性阻抗一般为 50Ω 和 75Ω。本次实验选择 50Ω 的同轴电缆,在其终端分别接匹配负载、开路器、短路器三种情况下,当频率从 300kHz 逐步增大到 3GHz 时,用网络分析仪测量同轴电缆输入端的阻抗、反射系数、驻波比等参数。观察这些参数的变化特点,如等效电长度为二分之一波长、四分之一波长、八分之一波长处对应的阻抗值、反射系数及频率值。

四、实验步骤

(1)按下 PRESET ,单击 Factory Preset 。

(2)按图 2.2.2 连接好实验装置,将随机的阳性同轴电缆连接到网络仪的端口 1,电缆的另一端连接开路器。

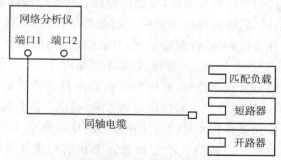

图 2.2.2 测量阻抗的实验框图

（3）按下 $\boxed{\text{MEAS 1}}$ 键，选择 S11 Refl Port 1。按下 $\boxed{\text{CAL}}$，选择 Default 1-Port，选择默认单口反射校准，用于测量阻抗。

（4）设置频率，按下 $\boxed{\text{FREQ}}$ 键，频率选择为点频信号，CW $\boxed{300}$ kHz。

（5）按下 $\boxed{\text{FORMAT}}$ 键，选择 Smith 圆图，Smith Chart，按下频标 $\boxed{\text{MARKER}}$ 键，频标所在位置的电阻、电抗及频率显示在窗口中。

（6）增大信号频率，激活频率CW键，旋转面板上的圆形步进键旋钮，使信号频率从 300kHz 逐步增大到 3GHz，按下 $\boxed{\text{MARKER}}$ 键，观察不同频率下频标显示的阻抗点在 Smith 圆图上的变化规律。

（7）将电缆一端的开路器分别换成短路器和匹配负载，重复上面步骤（4）～（6）。

五、实验报告

（1）分别绘出负载开路、短路、匹配三种情况下，电缆输入端的电阻、电抗随频率的变化曲线，要求 Smith 圆图的形式。

（2）在低频（如 300kHz）负载开路和短路情况下，在 Smith 圆图中分别标出阻抗的位置，电阻值、电抗值以及所对应的频率。

（3）在高频（如 2GHz 附近）负载开路的情况下，在 Smith 圆图中标出开路点和短路点位置，电阻值、电抗值以及所对应的频率。分析出现短路点的原因。在高频（如 2GHz 附近）负载短路的情况下，在 Smith 圆图中标出开路点和短路点位置，电阻值、电抗值以及所对应的频率。分析出现开路点的原因。

（4）比较低频和高频下 Smith 圆图中开路点和短路点位置的变化，以及对应的电阻值、电抗值的变化，分析原因。

2.3 实验十二 滤波器测试

一、实验目的

（1）掌握射频网路分析仪校准的方法。

（2）掌握用网路分析仪测量滤波器参数的方法。

（3）掌握用频谱仪测试滤波器幅频特性的方法。

二、实验原理

滤波器典型的频率响应为低通、高通、带通、带阻。滤波器的主要参数如下。

插入损耗：在电路中插入滤波器所导致的信号损耗，分为通带内插损和带外抑制，以 dB（分贝）为单位。在理想情况下，插入到射频电路中的理想滤波器，不应在其通带内引入任何功率损耗，然而实际滤波器在其通带内具有一些固有的功率损耗。插入损耗的数学表达式为

$$IL = 10\lg\frac{P_{in}}{P_L} = -10\lg(1-|\Gamma_{in}|^2) \tag{2.3.1}$$

式中，P_L 是滤波器向负载输出的功率，P_{in} 是滤波器从信号源得到的输入功率，Γ_{in} 是从信号源向滤波器看去的反射系数。

通带波纹：在通带内滤波器衰减随频率的变化，即通带内信号响应幅度的最大值与最小值取对数后的 dB 之差。

中心频率 f_0：下边频（f_L）和上边频（f_U）的算术平均值或几何平均值：

$$f_0 = \frac{f_L + f_U}{2} \ 或 \ f_0 = \frac{f_L f_U}{2} \tag{2.3.2}$$

3dB 截止频率 f_c：低通滤波器通带内对应于 3dB 衰减量的上通带边缘频率，或者高通滤波器通带内对应于 3dB 衰减量的下通带边缘频率，有时称作 3dB 点。

带宽 Δf：对于带通滤波器，带宽的定义是通带内对应于 3dB 衰减量的上边频和下边频的频率差，分别用 BW、f_L、f_U 表示带宽、下边频、上边频

$$BW^{3dB} = f_U^{3dB} - f_L^{3dB} \tag{2.3.3}$$

矩形系数：矩形系数是 60dB 带宽与 3dB 带宽的比值，它描述了滤波器在截止频率附近响应曲线变化的陡峭程度

$$SF = \frac{BW^{60dB}}{BW^{3dB}} = \frac{f_U^{60dB} - f_L^{60dB}}{f_U^{3dB} - f_L^{3dB}} \tag{2.3.4}$$

阻带抑制：理想滤波器在阻带频段内具有无限大的衰减，而实际滤波器的阻带衰减量为有限值，与滤波器的元件数目有关。

利用网络分析仪测试滤波器时，可以不考虑滤波器的内部结构，而将它看作一个二端口网络来测试它的参数。

三、实验内容

（1）用网络分析仪测量低通、高通、带通、带阻滤波器参数，如 3dB 截止频率、带宽、中心频率、通带内插入损耗、带外抑制等。

（2）用频谱仪测量滤波器的幅频特性。

四、实验步骤

1.用网络分析仪测量滤波器参数

(1)以测量 1.9GHz 带通滤波器为例。根据被测件的频率范围,设置网络分析仪的中心频率和扫频范围,按下 $\boxed{\text{FREQ}}$ 键,选择 Center $\boxed{1.9}$ GHz, Span $\boxed{800}$ MHz。

(2)将射频电缆分别连接到网络分析仪的端口 1 和端口 2。按下 $\boxed{\text{MEAS 1}}$ 键,选择 S21 Fwd Trans。按下 $\boxed{\text{CAL}}$,选择用户二端口校准,User 2-Port,调用如下的校准程序:

①将网络仪端口 1 和端口 2 的电缆直接连接,形成直通连接,如图 2.3.1(a)所示。按下测试键 Measure Stardad。

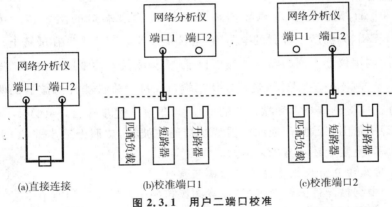

(a)直接连接　(b)校准端口1　(c)校准端口2

图 2.3.1　用户二端口校准

②断开网络仪端口 2 的连接电缆,将开路器、短路器、匹配负载分别连接到端口 1 的电缆上,如图 2.3.1(b)所示,依次按下测试键 Measure Stardad,完成端口 1 的校准。校准后网络仪端口 1 的参考面移到电缆的另一端,如图中的虚线所示。

③断开网络仪端口 1 的连接电缆,将电缆的一个端口连接到网络仪的端口 2,将电缆的另一个端口分别连接开路器、短路器、匹配负载,如图 2.3.1(c)所示,依次按下测试键 Measure Stardad,完成端口 2 的校准。校准后网络仪端口 2 的参考面移到电缆的另一端,如图中的虚线所示。

(3)移去校准件开路器、短路器、匹配负载,将被测件滤波器的两个端口分别连接到端口 1 和端口 2 的电缆上,即图 2.3.1(b)和图 2.3.1(c)虚线所示的位置。

（4）按下 MEAS 1 键，选择 S21 Fwd Trans。按下 FORMAT 键，选择 Log Mag。按下 SCALE 键，单击 Autoscale。窗口显示的信号轨迹，代表滤波器带内、带外的插入损耗（dB）随频率的变化 。

（5）按下 MARKER 键，选择 Marker Search 3 dB Bandwidth，则显示出滤波器的中心频率 f_0、3dB 带宽 Δf、Q 值以及带内损耗等。

（6）按下 MEAS 2 键，选择 S11 Refl Port 1 或 S22 Refl Port 2。按下 FORMAT 键，若选择 SWR，按下 SCALE 键，单击 Autoscale，则窗口显示滤波器输入端口或输出端口的驻波比随频率的变化曲线。按下 MARKER，频标所在位置的驻波比和频率值出现在屏幕上。若选择 Smith Chart，则窗口显示滤波器输入端口或输出端口的阻抗值。按下 MARKER，频标所在位置的电阻值、电抗值以及频率值出现在屏幕上。

（7）调用仪器内部的默认二端口校准，重新测量上述带通滤波器。按下 CAL，选择 Default 2-Port，选择默认二端口校准。将被测件滤波器的两个端口分别连接到端口 1 和端口 2 的电缆上，重复上述步骤（4）～（6）。

（8）用带阻、低通、高通滤波器替换带通滤波器，按照上述步骤（1）重新设置频率，重复上述步骤（2）～（7）。

2.用频谱分析仪测量滤波器的幅频特性

（1）根据被测件的频率范围，设置频谱仪的中心频率和扫宽范围。

（2）将频谱仪跟踪发生器的输出和输入端用射频电缆短接，记录频谱仪显示的曲线（必要时调节衰减量大小），记为曲线 1。

（3）测量滤波器的频率响应，以测量带通滤波器为例。将跟踪发生器的输出端连接到滤波器的输入端口，滤波器的输出端口连接到频谱仪的输入端口，记录频谱仪显示的曲线，记为曲线 2。

（4）由频谱仪显示器上的曲线 2，可测得带通滤波器的中心频率 f_0，通带带宽 Δf（3 dB 带宽），比较频谱仪显示器上的曲线 2 和曲线 1，可以测得通带内最大插损，通带起伏，带外抑制等带通滤波器的参数。

五、实验报告

（1）根据网络分析仪测量结果，分别画出采用用户二端口和默认二端口

110

校准,带通滤波器在带内、带外的插入损耗随频率的变化曲线,即 $|S_{21}|$(dB)的幅频特性,标出滤波器的中心频率 f_0、3dB 截止频率 f_c、带宽 Δf、Q 值以及带内损耗、带外抑制等参数。

(2)在两种不同校准方式下,即用户二端口校准和默认二端口校准,以 Smith 圆图的形式画出带通滤波器在带内、带外端口的阻抗随频率的变化曲线。说明带内、带外阻抗的变化特点,分析原因。比较两种校准的测量精度。

(3)比较两种不同校准方式下,所测滤波器在带内、带外的插入损耗,以及端口阻抗和驻波比的区别,分析其中的原因。

(4)比较用网络分析仪和频谱仪测量滤波器幅频特性的差别,分析原因。

2.4 实验十三 定向耦合器测试

一、实验目的

(1)掌握定向耦合器的工作原理。

(2)掌握用网络分析仪和频谱仪测量定向耦合器参数的方法。

二、实验原理

定向耦合器是一种有方向性的无源射频微波功率分配器件,其构成通常有波导、同轴线、带状线及微带线等几种类型。定向耦合器包含主线和副线两部分,在主线中传输的射频微波功率经过小孔或间隙等耦合机制,将一部分功率耦合到副线中去,由于波的干涉和叠加,使功率仅沿副线中的一个方向(称"正方向")传输,而在另一方向(称"反方向")几乎没有(或极少)功率传输。

理想的定向耦合器一般为互易无损四端口网络,如图 2.4.1 所示。主线 1、2 和副线 3、4 通过耦合机构彼此耦合。

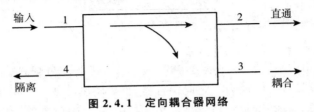

图 2.4.1 定向耦合器网络

定向耦合器的特性参量主要是耦合度、方向性、隔离度、输入驻波比、带宽范围等。

1. 耦合度

定向耦合器的耦合度是指输入信号从主臂耦合到副臂端的程度,即输入至主线的功率与副线中正向传输的功率之比,也称过渡衰减。耦合度 C 定义为:当主臂终端接无反射匹配负载时,主臂入射信号与副臂端的输出信号之比取对数,即

$$C = 10 \lg \frac{P_1}{P_3} (\mathrm{dB}) = 20 \lg \lg \frac{U_1}{U_3} (\mathrm{dB}) \qquad (2.4.1)$$

式中, P_1 、 U_1 分别为主线输入端(即图 2.4.1 端口 1)的功率及电压; P_3 、 U_3 分别为副线正方向传输(即图 2.4.1 端口 3)的功率及电压。

2. 方向性

方向性是指副线中正方向传输的功率与反方向传输的功率之比或正向耦合度与反向耦合度的对数之差。一般来讲,方向性越大越好,方向性越大,表明其隔离性越好。常用的定向耦合器,方向性均在 15dB 以上。

定向耦合器的方向性 D 以正向耦合度与反向耦合度的对数之差表示。

$$D = 10 \lg \frac{P_3}{P_4} (\mathrm{dB}) = 20 \lg \lg \frac{U_3}{U_4} (\mathrm{dB}) \qquad (2.4.2)$$

式中, P_4 、 U_4 分别为耦合至副线反方向传输(即图 2.4.1 端口 4)的功率及电压。

3. 隔离度

有时,定向耦合器的方向性指标也用隔离度来表示。隔离度 I 表示输入至主线的功率与副线反方向传输的功率之比的对数,即

$$I = 10 \lg \frac{P_1}{P_4} (\mathrm{dB}) = 20 \lg \lg \frac{U_1}{U_4} (\mathrm{dB}) \qquad (2.4.3)$$

根据以上方向性 D 的定义可知:

$$D = 10 \lg \frac{P_3}{P_4} = 10 \lg \frac{P_1}{P_4} - 10 \lg \frac{P_1}{P_3} = I - C \qquad (2.4.4)$$

故定向耦合器的方向性等于隔离度与耦合度之差。

4. 单定向耦合器

实际应用中经常将定向耦合器的一个端口接匹配负载,四端口定向耦合器变为三端口器件,成为单定向耦合器,例如将图 2.4.1 中的端口 4 接匹配负载,如图 2.4.2 所示。当信号从 1 端口输入,2 端口直通输出,3 端口耦合输出,如图中的实线所示;反之当信号从 2 端口输入,1 端口直通输出,3 端口隔离输出,如图 2.4.2 中的虚线所示。

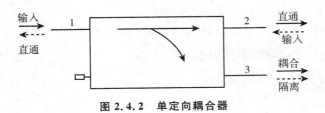

图 2.4.2 单定向耦合器

三、实验内容

测量定向耦合器的耦合度、隔离度、方向性和主线的插入损耗。

本实验涉及的是单定向耦合器,测试时当 1 端口输入信号,3 端口耦合输出,可以测量定向耦合器的耦合度(2 端口接匹配负载),信号流向为图 2.4.2 的实线方向;反之当 2 端口输入信号,3 端口隔离输出,可以测量定向耦合器的隔离度(1 端口接匹配负载),信号流向为图 2.4.2 的虚线方向。

四、实验步骤

1. 利用网络分析仪测量定向耦合器参数

(1)根据被测定向耦合器的频率指标,设置网络分析仪的中心频率和扫频宽度。

(2)按下 MEAS 2 键,选择 S21 Fwd Trans。为了方便快捷,我们调用网络仪内部存储的默认频率响应校准数据,按下 CAL,选择 Default Response,选择默认频率响应校准。

(3)按照图 2.4.3(a)连接实验模块,测量定向耦合器的主线插入损耗(dB),即 $10\lg\dfrac{P_2}{P_1}$。将定向耦合器主线的输入端口和输出端口分别与网络分析仪的端口 1 和端口 2 连接,必要时通过电缆转接,定向耦合器的其余端口接匹配负载。按下 MEAS 2 键,选择 S21 Fwd Trans。按下 FORMAT 键,选择 Log Mag。按下 SCALE 键,单击 Autoscale。

(4)按照图 2.4.3(b)连接实验模块,测量定向耦合器的耦合度 C(dB)。按下 MEAS 1 键,选择 S21 Fwd Trans。按下 CAL,选择 Default Response,选择默认频率响应校准。按下 FORMAT 键,选择 Log Mag。按下 SCALE 键,单击 Autoscale。按下 DISPLAY 键,选择 Data→Mem,将所测量的耦合度数据存入网络仪的内存。

(5)按照图 2.4.3（c）连接实验模块，测量定向耦合器的隔离度 I。按下 MEAS 1 键，选择 S21 Fwd Trans。按下 FORMAT 键，选择 Log Mag。按下 SCALE 键，单击 Autoscale。

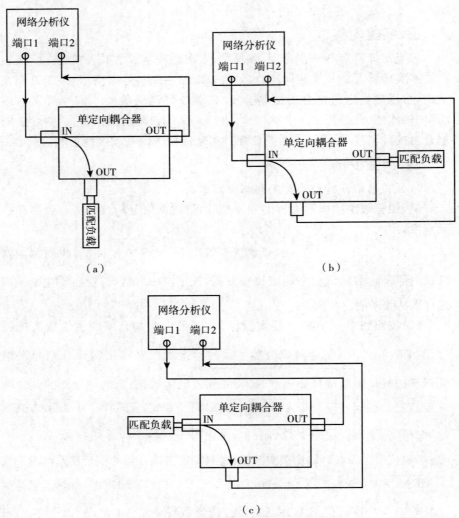

（a）

（b）

（c）

图 2.4.3　测量定向耦合器参数的实验框图

(6)如果在网络仪窗口显示目前测量的定向耦合器的隔离度,则按下 $\boxed{\text{DISPLAY}}$ 键,选择 Data;如果在网络仪窗口显示定向耦合器的耦合度,则按下 $\boxed{\text{DISPLAY}}$ 键,选择 Memory,显示刚才存储的耦合度数据轨迹;如果在网络仪窗口同时显示耦合度和隔离度,则按下 $\boxed{\text{DISPLAY}}$ 键,选择 Data and Memory,显示内存的数据轨迹和目前测量的数据轨迹。

2.利用频谱仪测量定向耦合器参数

(1)根据被测定向耦合器的频率指标,设置频谱仪 AT5011＋的中心频率和扫频宽度。

(2)连接频谱仪跟踪发生器输出端和输入端,测量输入功率 L_1($L_1 = 10\lg P_1$),必要时调节衰减量大小,记录 L_1 和对应的频率值。

(3)参考图 2.4.3(a)连接实验模块,用频谱仪的输出、输入端口代替网络分析仪的端口 1 和端口 2,测量定向耦合器的主线传输功率 L_2($L_2 = 10\lg P_2$),记录 L_2 和对应的频率值。

(4)参考图 2.4.3(b)连接实验模块,用频谱仪的输出、输入端口代替网络分析仪的端口 1 和端口 2,测量定向耦合器副线的正向传输功率 L_3($L_3 = 10\lg P_3$),记录 L_3 和对应的频率值。定向耦合器的耦合度为:$C = 10\lg\dfrac{P_1}{P_3} = L_1 - L_3$。

(5)参考图 2.4.3(c)连接实验模块,用频谱仪的输出、输入端口代替网络分析仪的端口 1 和端口 2,测量定向耦合器副线的反向传输功率 L_4($L_4 = 10\lg P_4$),记录 L_4 和对应的频率值。

定向耦合器的隔离度为:$I = 10\lg\dfrac{P_1}{P_4} = L_1 - L_4$。

定向耦合器的方向性为:$D = 10\lg\dfrac{P_3}{P_4} = L_3 - L_4$。

五、实验报告

(1)画出实验装置图,记录实验步骤、测量过程和原始数据。

(2)绘出定向耦合器主线的插入损耗与频率的关系曲线。

(3)绘出定向耦合器的耦合度和隔离度与频率的关系曲线。

(4)根据所测定向耦合器的耦合度和隔离度,利用式(2.4.4)确定其方向性 D,绘出定向耦合器的方向性与频率的关系曲线。

(5)比较用网络仪和频谱仪测量的定向耦合器参数,分析误差原因。

附　　录

附录 1　最平坦低通原型的归一化元件值

n	g_1	g_2	g_3	g_4	g_5	g_6	g_7	g_8	g_9	g_{10}	g_{11}
1	2.0000	1.0000									
2	1.4142	1.4142	1.0000								
3	1.0000	2.0000	1.0000	1.0000							
4	0.7654	1.8478	1.8478	0.7654	1.0000						
5	0.6180	1.6180	2.0000	1.6180	0.6180	1.0000					
6	0.5176	1.4142	1.9318	1.9318	1.4142	0.5176	1.0000				
7	0.4450	1.2470	1.8019	2.0000	1.8019	1.2470	0.4450	1.0000			
8	0.3902	1.1111	1.6629	1.9615	1.9615	1.6629	1.1111	0.3902	1.0000		
9	0.3473	1.0000	1.5321	1.8794	2.0000	1.8794	1.5321	1.0000	0.3473	1.0000	
10	0.3129	0.9080	1.4142	1.7820	1.9754	1.9754	1.7820	1.4142	0.9080	0.3129	1.0000

附录 2　等波纹低通原型的归一化元件值

n	g_1	g_2	g_3	g_4	g_5	g_6	g_7	g_8	g_9	g_{10}	g_{11}
					0.2dB 波纹						
1	0.4342	1.0000									
2	1.0378	0.6745	1.5386								
3	1.2275	1.1525	1.2275	1.0000							
4	1.3028	1.2844	1.9761	0.8468	1.5386						
5	1.3394	1.3370	2.1660	1.3370	1.3394	1.0000					
6	1.3598	1.3632	2.2394	1.4555	2.0974	0.8838	1.5386				
7	1.3722	1.3781	2.2756	1.5001	2.2756	1.3781	1.3722	1.0000			
8	1.3804	1.3875	2.2963	1.5217	2.3413	1.4925	2.1349	0.8972	1.5386		
9	1.3860	1.3938	2.3093	1.5340	2.3728	1.5340	2.3093	1.3938	1.3860	1.0000	
10	1.3901	1.3983	2.3181	1.5417	2.3904	1.5536	2.3720	1.5066	2.1514	0.9034	1.5386

0.5dB 波纹

1	0.6986	1.0000									
2	1.4029	0.7071	1.9841								
3	1.5963	1.0967	1.5963	1.0000							
4	1.6703	1.1926	2.3661	0.8419	1.9841						
5	1.7058	1.2296	2.5408	1.2296	1.7058	1.0000					
6	1.7254	1.2479	2.6064	1.3137	2.4758	0.8696	1.9841				
7	1.7372	1.2583	2.6381	1.3444	2.6381	1.2583	1.7372	1.0000			
8	1.7451	1.2647	2.6564	1.3590	2.6964	1.3389	2.5093	0.8796	1.9841		
9	1.7504	1.2690	2.6678	1.3673	2.7239	1.3673	2.6678	1.2690	1.7504	1.0000	
10	1.7543	1.2721	2.6754	1.3725	2.7392	1.3806	2.7231	1.3485	2.5239	0.8842	1.9841

1.0dB 波纹

1	1.0177	1.0000									
2	1.8219	0.6850	2.6599								
3	2.0236	0.9941	2.0236	1.0000							
4	2.0991	1.0644	2.8311	0.7892	2.6599						
5	2.1349	1.0911	3.0009	1.0911	2.1349	1.0000					
6	2.1546	1.1041	3.0634	1.1518	2.9367	0.8101	2.6599				
7	2.1664	1.1116	3.0934	1.1736	3.0934	1.1116	2.1664	1.0000			
8	2.1744	1.1161	3.1107	1.1839	3.1488	1.1696	2.9685	0.8175	2.6599		
9	2.1797	1.1192	3.1215	1.1897	3.1747	1.1897	3.1215	1.1192	2.1797	1.0000	
10	2.1836	1.1213	3.1286	1.1933	3.1890	1.1990	3.1733	1.1763	2.9824	0.8210	2.6599

3.0dB 波纹

1	1.9953	1.0000									
2	3.1013	0.5339	5.8095								
3	3.3487	0.7117	3.3487	1.0000							
4	3.4389	0.7483	4.3471	0.5920	5.8095						
5	3.4817	0.7618	4.5381	0.7618	3.4817	1.0000					
6	3.5045	0.7685	4.6061	0.7929	4.4641	0.6033	5.8095				
7	3.5182	0.7723	4.6386	0.8039	4.6386	0.7723	3.5182	1.0000			
8	3.5277	0.7745	4.6575	0.8089	4.6990	0.8018	4.4990	0.6073	5.8095		
9	3.5340	0.7760	4.6692	0.8118	4.7272	0.8118	4.6692	0.7760	3.5340	1.0000	
10	3.5384	0.7771	4.6768	0.8136	4.7425	0.8164	4.7260	0.8051	4.5142	0.6091	5.3095

附录 3　最平坦低通原型滤波器阻带衰减频率特性

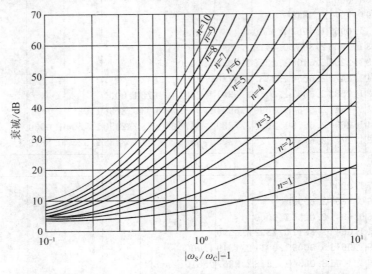

附录 4　等波纹低通原型滤波器阻带衰减频率特性

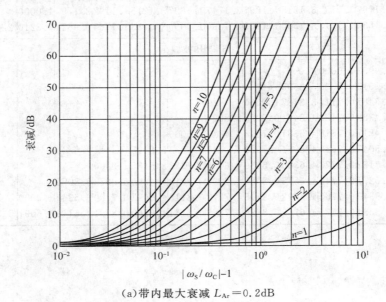

(a)带内最大衰减 $L_{Ar} = 0.2\mathrm{dB}$

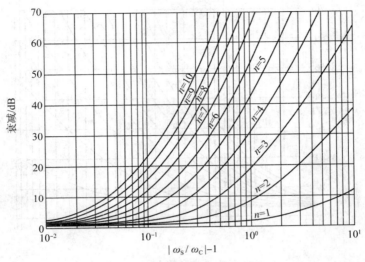

（b）带内最大衰减 $L_{Ar}=0.5$dB

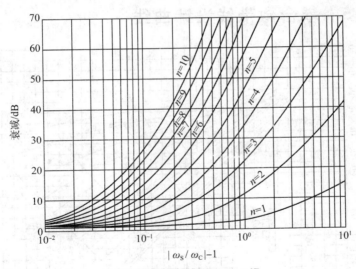

（c）带内最大衰减 $L_{Ar}=1.0$dB

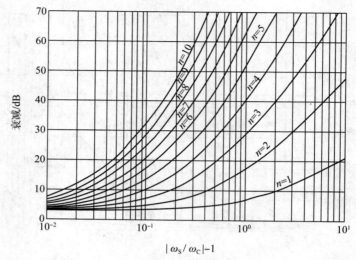

（d）带内最大衰减 $L_{Ar} = 3.0\text{dB}$

附录5 耦合微带线设计曲线

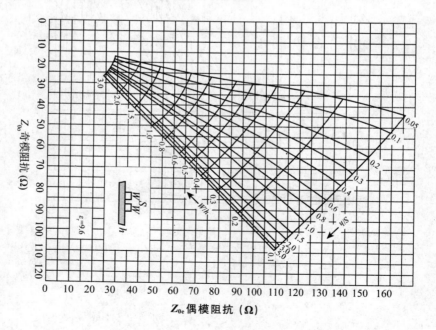

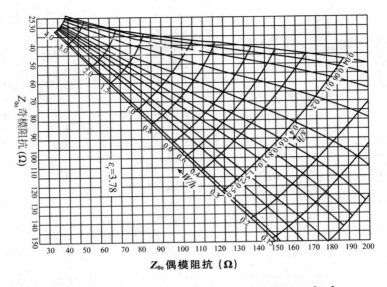

附录6 切比雪夫多节阻抗变换器设计表

切比雪夫变阻器的带内驻波比和 R 及 W_q 的关系

$n=1$

阻抗比 R	相对带宽 W_q					
	0.2	0.4	0.6	0.8	1.0	1.2
1.25	1.03	1.07	1.11	1.14	1.17	1.20
1.50	1.06	1.13	1.20	1.27	1.33	1.39
1.75	1.09	1.19	1.30	1.39	1.49	1.57
2.00	1.12	1.24	1.38	1.51	1.64	1.76
2.50	1.16	1.34	1.53	1.73	1.93	2.12
3.00	1.20	1.43	1.68	1.95	2.21	2.47
4.00	1.26	1.58	1.95	2.35	2.76	3.15
5.00	1.32	1.73	2.21	2.74	3.30	3.83
6.00	1.37	1.86	2.45	3.12	3.82	4.50
8.00	1.47	2.11	2.92	3.88	4.86	5.84
10.00	1.55	2.35	3.37	4.58	5.88	7.16
15.00	1.75	2.90	4.47	6.36	8.41	10.46
20.00	1.92	3.43	5.54	8.11	10.93	13.74

$n=2$

阻抗比 R	相对带宽 W_q					
	0.2	0.4	0.6	0.8	1.0	1.2
1.25	1.00	1.01	1.03	1.05	1.08	1.11
1.50	1.01	1.02	1.05	1.09	1.15	1.22
1.75	1.01	1.03	1.07	1.13	1.21	1.32
2.00	1.01	1.04	1.08	1.16	1.27	1.41
2.50	1.01	1.05	1.12	1.22	1.37	1.58
3.00	1.01	1.06	1.14	1.27	1.47	1.74
4.00	1.02	1.08	1.19	1.37	1.64	2.04
5.00	1.02	1.09	1.23	1.45	1.80	2.33
6.00	1.03	1.11	1.26	1.53	1.95	2.60
8.00	1.03	1.13	1.33	1.67	2.23	3.13
10.00	1.04	1.15	1.38	1.80	2.50	3.64
15.00	1.05	1.20	1.51	2.09	3.13	4.89
20.00	1.05	1.24	1.62	2.36	3.74	6.11

$n=3$

阻抗比 R	相对带宽 W_q					
	0.2	0.4	0.6	0.8	1.0	1.2
1.25	1.00	1.00	1.01	1.02	1.03	1.06
1.50	1.00	1.00	1.01	1.03	1.06	1.11
1.75	1.00	1.00	1.02	1.04	1.08	1.16
2.00	1.00	1.01	1.02	1.05	1.11	1.20
2.50	1.00	1.01	1.03	1.07	1.14	1.28
3.00	1.00	1.01	1.03	1.08	1.18	1.35
4.00	1.00	1.01	1.04	1.11	1.24	1.47
5.00	1.00	1.01	1.05	1.13	1.29	1.59
6.00	1.00	1.02	1.06	1.15	1.33	1.69
8.00	1.00	1.02	1.07	1.18	1.42	1.88
10.00	1.00	1.02	1.08	1.21	1.49	2.06
15.00	1.00	1.03	1.11	1.28	1.66	2.48
20.00	1.00	1.03	1.12	1.34	1.81	2.87

$n=4$

阻抗比 R	相对带宽 W_q					
	0.2	0.4	0.6	0.8	1.0	1.2
1.25	1.00	1.00	1.00	1.00	1.01	1.03
1.50	1.00	1.00	1.00	1.01	1.02	1.06
1.75	1.00	1.00	1.00	1.01	1.03	1.08
2.00	1.00	1.00	1.00	1.02	1.04	1.10
2.50	1.00	1.00	1.01	1.02	1.06	1.14
3.00	1.00	1.00	1.01	1.03	1.07	1.17
4.00	1.00	1.00	1.01	1.03	1.09	1.22
5.00	1.00	1.00	1.01	1.04	1.11	1.27
6.00	1.00	1.00	1.01	1.05	1.13	1.31
8.00	1.00	1.00	1.02	1.06	1.16	1.39
10.00	1.00	1.00	1.02	1.07	1.18	1.46
15.00	1.00	1.00	1.02	1.08	1.24	1.62
20.00	1.00	1.01	1.03	1.10	1.28	1.76

多节切比雪夫变阻器的各节归一化特性阻抗表

二节切比雪夫变阻器的 z_1

阻抗比 R	相对带宽 W_q					
	0.2	0.4	0.6	0.8	1.0	1.2
1.25	1.05810	1.06034	1.06418	1.06979	1.07725	1.08650
1.50	1.10808	1.11236	1.11973	1.13051	1.14495	1.16292
1.75	1.15218	1.15837	1.16904	1.18469	1.20572	1.23199
2.00	1.19181	1.19979	1.21360	1.23388	1.26122	1.29545
2.50	1.26113	1.27247	1.29215	1.32117	1.36043	1.40979
3.00	1.32079	1.33526	1.36042	1.39764	1.44816	1.51179
4.00	1.42080	1.44105	1.47640	1.52892	1.60049	1.69074
5.00	1.50366	1.52925	1.57405	1.64084	1.73205	1.84701
6.00	1.57501	1.60563	1.65937	1.73970	1.84951	1.98768
8.00	1.69473	1.73475	1.80527	1.91107	2.05579	2.23693
10.00	1.79402	1.84281	1.92906	2.05879	2.23607	2.45663
15.00	1.99014	2.05909	2.18171	2.36672	2.61818	2.92611
20.00	2.14275	2.23019	2.38640	2.62224	2.94048	3.32447

z_2 由公式 $z_2 = R/z_1$ 得出

三节切比雪夫变阻器的 z_1

阻抗比 R	相对带宽 W_q					
	0.2	0.4	0.6	0.8	1.0	1.2
1.25	1.02883	1.03051	1.03356	1.03839	1.04567	1.05636
1.50	1.05303	1.05616	1.06816	1.07092	1.08465	1.10495
1.75	1.07396	1.07839	1.08646	1.09933	1.11892	1.14805
2.00	1.09247	1.09808	1.10830	1.12466	1.14966	1.18702
2.50	1.12422	1.13192	1.14600	1.16862	1.20344	1.25594
3.00	1.15096	1.16050	1.17799	1.20621	1.24988	1.31621
4.00	1.19474	1.20746	1.23087	1.26891	1.32837	1.41972
5.00	1.23013	1.24557	1.27412	1.32078	1.39428	1.50824
6.00	1.26003	1.27790	1.31105	1.36551	1.45187	1.58676
8.00	1.30916	1.33128	1.37253	1.44091	1.55057	1.72383
10.00	1.34900	1.37482	1.42320	1.50397	1.63471	1.84304
15.00	1.42564	1.45924	1.52282	1.63055	1.80797	2.09480
20.00	1.48359	1.52371	1.60023	1.73135	1.95013	2.30687

$$z_2 = \sqrt{R} \quad z_3 = R/z_1$$

四节切比雪夫变阻器的 z_1

阻抗比 R	相对带宽 W_q					
	0.2	0.4	0.6	0.8	1.0	1.2
1.25	1.01440	1.01553	1.01761	1.02106	1.02662	1.03560
1.50	1.02635	1.02842	1.03227	1.03866	1.04898	1.06576
1.75	1.03659	1.03949	1.04488	1.05385	1.06838	1.09214
2.00	1.04558	1.04921	1.05598	1.06726	1.08559	1.11571
2.50	1.06088	1.06577	1.07494	1.09026	1.11531	1.15681
3.00	1.07364	1.07963	1.09086	1.10967	1.14059	1.19218
4.00	1.09435	1.10216	1.11685	1.14159	1.18259	1.25182
5.00	1.11093	1.12026	1.13784	1.16759	1.21721	1.30184
6.00	1.12486	1.13549	1.15559	1.18974	1.24702	1.34555
8.00	1.14758	1.16043	1.18482	1.22654	1.29722	1.42054
10.00	1.16588	1.18060	1.20863	1.25683	1.33920	1.48458
15.00	1.20082	1.21931	1.25475	1.31638	1.42350	1.61690
20.00	1.22703	1.24854	1.28998	1.36269	1.49074	1.72593

四节切比雪夫变阻器的 z_2

阻抗比 R	相对带宽 W_q					
	0.2	0.4	0.6	0.8	1.0	1.2
1.25	1.07260	1.07371	1.07559	1.07830	1.08195	1.08683
1.50	1.13584	1.13799	1.14162	1.14685	1.15394	1.16342
1.75	1.19224	1.19537	1.20065	1.20827	1.21861	1.23248
2.00	1.24340	1.24745	1.25431	1.26420	1.27764	1.29572
2.50	1.33396	1.33974	1.34954	1.36370	1.38300	1.40907
3.00	1.41296	1.42036	1.43290	1.45105	1.47583	1.50943
4.00	1.54760	1.55795	1.57553	1.60102	1.63596	1.68360
5.00	1.66118	1.67423	1.69642	1.72864	1.77292	1.83358
6.00	1.76043	1.77600	1.80248	1.84098	1.89041	1.96694
8.00	1.92990	1.95009	1.98446	2.03453	2.10376	2.19954
10.00	2.07315	2.09756	2.13915	2.19984	2.28397	2.40096
15.00	2.36303	2.39686	2.45455	2.53898	2.65667	2.82190
20.00	2.59463	2.63681	2.70880	2.81433	2.96208	3.17095

z_3、z_4 由下列方程给出：

$z_3 = R/z_2 \quad z_4 = R/z_1$

附录 7　AT5011＋频谱仪介绍

一、基本工作原理

　　AT5011＋系列频谱仪实际上是一个 3 次变频的超外差式接收机和示波器的组合，它的基本方框图如下图所示。被测信号（频率为 f_S）经过直接输入或衰减输入在混频器中和机内的本振频率（频率为 f_P）的 N 次谐波进行谐波混频，获得中频信号 $f_0 = Nf_P - f_S$；经过中放和检波，得到一个和输入信号幅值成正比的直流电压，经垂直放大后加至示波管的垂直偏转板上。这就使电子束在垂直方向的偏移可与输入信号幅值成正比。这里的本振是一个电调谐的扫频振荡器，它可用一个扫描发生器输出的锯齿波电压来调谐，使它的频率在一定范围内作线性变化。同一个锯齿波电压又经水平放大器加在示波管的水平偏转板上，这就使电子束在水平方向的偏移可正比于扫频振荡器的频率变化，即示波管荧光屏的水平轴代表频率，垂直轴代表信号幅度。

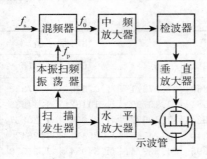

二、性能参数

1. 频率范围:0.15～1050MHz;

中心频率显示精度:±100kHz;

标记精度:±0.1％ ＋100kHz;

中频带宽(－3dB):400kHz 和 20kHz;

视频滤波器(开):4kHz;

扫描速率:43Hz。

2. 幅度范围:－100～＋13dBm;

屏幕幅度显示范围:80dB(10dB/格);

参考电平:－27 dBm～＋13dBm(每级 10dB);

电平精度:±2dB;

平均噪声电平:－90dBm(20kHz 带宽);

对数刻度真实度:±2dB(不加衰减)500MHz;

输入衰减器:0～40dB(4×10dB);

输入最大电平:＋10dBm±25VDC(衰减 0dB)＋20dBm(衰减 40dB);

扫频宽度:100kHz/格～100MHz/格,1-2-5 分挡和 0Hz/格(0 扫描)。

3. 跟踪发生器:

输出频率:0.15～1050MHz;

输出衰减器:0～40dB(4×10dB);

输出阻抗:50Ω(BNC);

输出电平:－50～＋1dBm(10dB 步级和可变调节);

三、前面板旋钮说明

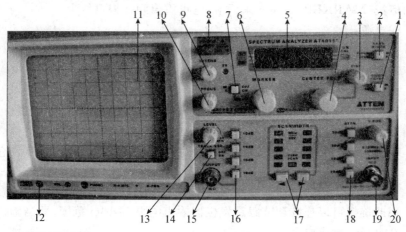

1.视频滤波器

视频滤波器可用来降低屏幕上的噪声。它使得正常下在平均噪声电平上或刚好高出它的信号（小信号）的谱线得以观察。该滤波器带宽是 4kHz。

2.(中频)带宽

选择中频带宽在 400kHz 或 20kHz。选在 20kHz 带宽时,噪声电平降低,选择性提高,能分隔开频率更近的谱线。此时,若扫频宽度过宽时,由于需要更长的扫描时间(做不到)而造成信号过渡过程产生的降低信号幅度而使测量不正确。"不校准"LED 发亮就指出了这个条件。

3/4.中心频率粗/细调

两个旋钮都用于调节中心频率。4 粗调,3 细调,中心频率是指显示在屏幕水平中心处的频率。

5.数字显示器

中心频率/标记频率之一读出,100kHz 分辨率。

6.标记频率调节

调节标记所在的水平位置,频率由数字显示器读出。

7.中心频率/标记(CF/MK)开关

当按钮在 OFF 时,中心频率指示器亮,此时数字显示器读中心频率,中心频率可用 4(CENTER FREQ)或 3 旋钮来调节,当按钮在 ON 时,标记指示器亮,显示器读出标记处的频率,该标记在屏幕上是一个尖峰。标记频率可用标记(MARKER)旋钮 6 来调节,它可重合到一根谱线上。

8. 电源:

通 ON 和断 OFF,当电源打到通 ON 处,约经 10s 将有光束出现。

9. 亮度:光点亮暗调节。

10. 聚焦:光点锐度调节。

11. 仪器显示屏(示波管),水平轴代表频率,垂直轴代表信号幅度。

12. 探头供电:

输出+6VDC 电压以使 Az530 近场嗅觉探头工作。此电源专为它们用,其专用线随 Az530 提供。

13. 电平:

用此旋钮可以连续调节跟踪发生器输出电平 11dBm 范围,即当输出衰减器 0 衰减时输出电平为−10~+1dBm。

14. 跟踪发生器开关:

若按钮压下时(ON)跟踪发生器工作。此时从输出插座 BNC 座输出正弦波信号,它的频率决定于频谱分析仪。在"0 扫频"模式时输出的即是中心频率。

15. 输出:

50Ω 插座用于跟踪发生器。输出电平在+1~−50dBm 范围内可调节。

16. 输出衰减器:

输出电平衰减器由 4 个 10dB 衰减器组成,可使信号到"输出"插座前经过衰减。所有 4 个衰减器都相等,可用个别按钮操作。这样,可容易得到所需要的衰减量,例如,20dB 衰减值。

17. 扫频宽度<>按键:

"扫频宽度"选择按键用来调节水平轴的每格扫频宽度。用>按键来增加每格频宽,用<按键来减少每格频宽。转换是 1-2-5 步级,从 100kHz/格到 100MHz/格。此扫频宽度以 MHz/格显示出,它代表水平线每格刻度。中心频率是指水平轴中心垂直刻线处的频率。当扫频宽度设在 100MHz/格位置和中心频率设在 500MHz 时,显示频率以每格 100MHz 扩展到右边,最右是 1000MHz(500MHz+(5×100MHz))。在"0 扫频"模式时,此时频率的选择是通过"中心频率"旋钮。

128

所选的扫频宽度/格值在设置按键上方的 LED 显示出来。

18. 输入衰减器：

输入衰减器包括有 4 个 10dB 衰减器,在进入第 1 混频器之前降低信号幅度。按键压下时每个衰减器接入。

19. 输入：

频谱仪的 BNC 50Ω 输入。在不用输入衰减时,不允许超出的最大允许输入电压为 ±25VDC 和 +10dBmAC。当加上 40dB 最大输入衰减时最大输入电压为 +20dBm。

20. Y—位移：调节射速垂直方向移动。

四、注意事项

AT5011 最灵敏的部件是频谱仪的输入部分。它包括信号衰减器和第 1 混频器。未经输入衰减时,加到输入端的电压必须不超出 +10dBm (0.7Vrms)AC 或 ±25VDC。当有 40dB 最大衰减时,AC 电压必须不超出 +20dBm(2.2Vrms)。这些极限必须不被超出,否则,输入衰减器和/或者第 1 混频器可被损坏。

在测量心中没有数的信号之前,应检查有否不可接受的高电压。也推荐开始测量时用最大的衰减量和最宽的扫频范围(1000MHz)。使用者也应该考虑有否频率范围以外(例如 1200MHz)的超高信号幅度可能出现,虽然它看不到。0Hz～150kHz 频率范围内在 AT5011 频谱仪中是没有指标的。若此范围出现显示,则幅度是不准确的。避免将显示调得过亮。在频谱仪上显示的各信号一般都可容易的读出,即使在低亮度情况。

由于变频原理,在 0Hz 上会出现一根谱线。称为中频直通。这是由于第 1 本振扫过中频而致。它可因不同仪器而不同的高度。满屏幕还超出并不说明仪器有故障。

参考文献

[1] David M. Pozar. 微波工程. 3 版. 张肇仪,周乐柱,吴德明,等,译. 北京:电子工业出版社,2006.

[2] Reinhold Ludwig,Pavel Bretchko. 射频电路设计——理论与应用.王子宇,张肇仪,徐承和,等,译. 北京:电子工业出版社 ,2002.

[3] 陈振国. 微波技术基础与应用. 北京:北京邮电大学出版社,2002.

[4] 杜正伟. 射频通信电路.北京:清华大学出版社,2001.

[5] Wes Hayward. 射频电路设计实战宝典. 邹永忠,杨惠生,吴娜达,译.北京:人民邮电出版社,2009.

[6] 李缉熙. 射频电路与芯片设计要点(中文版). 王志功,译. 北京:高等教育出版社,2007.

[7] 市川裕一,青木胜.高频电路设计与制作.卓圣鹏,译. 北京:科学出版社,2006.

[8] 王培章,张颖松. 微波技术实验. 北京:人民邮电出版社,2010.

[9] 彭沛夫. 微波技术与实验. 北京:清华大学出版社,2007.

[10] 徐兴福.ADS 2008 射频电路设计与仿真实例.北京:电子工业出版社,2009.

[11] 董树义. 近代微波测量技术.北京:电子工业出版社,1995.

[12] 汤世贤. 微波测量. 北京:国防工业出版社,1991.

[13] 范博. 现代无线通信电路设计与实现. 北京:机械工业出版社,2009.